智能制造类产教融合人才培养系列教材

工业机器人应用（数控加工）

主　编　兰　贵　唐　杰

副主编　向金林　韦运生　康立阳

参　编　杨智棠　陈梁铭　付　强　石高勇

黄北源　农安锋　黄善政

机械工业出版社

本书是根据人力资源和社会保障部2017年公布的《国家技能人才培养标准》和《一体化课程规范》，同时参考工业机器人操作工职业技能标准编写的。本书以任务驱动教学法为主线，以应用为目的，以工业机器人在数控车床柔性加工中的应用与维护等为载体设置内容，主要内容有认识工业机器人、工业机器人的基本结构、工业机器人维护保养、三菱工业机器人示教器与仿真软件操作、三菱工业机器人编程与操作、三菱工业机器人码垛程序设计与应用、工业机器人工具坐标系的标定与测试、数控机床呼叫工业机器人上下料通信设计、销轴柔性加工案例、螺纹轴柔性加工案例、隔套柔性加工案例和螺纹套柔性加工案例。

本书采用校企合作模式，同时运用了“互联网+”形式，在重要知识点嵌入二维码，方便读者理解相关知识，进行更深入的学习。

本书可作为职业院校工业机器人技术、数控技术等专业的教材，也可作为工业机器人安装、使用、维修等岗位的培训教材。

为便于教学，本书配套有电子教案、助教课件、教学视频等教学资源，选择本书作为教材的教师可来电（010-88379375）索取，或登录www.cmpedu.com网站，注册、免费下载。

图书在版编目（CIP）数据

工业机器人应用：数控加工/兰贵，唐杰主编. —北京：机械工业出版社，2020.6（2021.6重印）

智能制造类产教融合人才培养系列教材

ISBN 978-7-111-65406-3

Ⅰ.①工… Ⅱ.①兰… ②唐… Ⅲ.①工业机器人-应用-数控机床-加工-高等职业教育-教材 Ⅳ.①TG659-39

中国版本图书馆CIP数据核字（2020）第065579号

机械工业出版社（北京市百万庄大街22号 邮政编码100037）

策划编辑：黎 艳 责任编辑：黎 艳

责任校对：张 薇 封面设计：张 静

责任印制：郜 敏

北京圣夫亚美印刷有限公司印刷

2021年6月第1版第2次印刷

184mm×260mm · 10.25印张 · 251千字

标准书号：ISBN 978-7-111-65406-3

定价：32.00元

电话服务 网络服务

客服电话：010-88361066 机 工 官 网：www.cmpbook.com

010-88379833 机 工 官 博：weibo.com/cmp1952

010-68326294 金 书 网：www.golden-book.com

封底无防伪标均为盗版 机工教育服务网：www.cmpedu.com

前 言

随着信息技术的快速发展，零件加工过程越来越趋向集成化、网络化、无人化，工业机器人柔性制造技术越来越受到制造商和用户的重视，发展前景广阔。本书通过建立柔性加工单元，实现了轴套类零件在数控车床上的柔性加工，一方面提升了数控车床的操作安全性，降低了劳动强度，提高了工作效率，另一方面为有效推广工业机器人柔性制造技术的应用，满足当前职业院校教学改革需要，找到了职业院校工学结合、产品课题化的着力点和突破点。

本书突出以工业机器人与数控车床加工技术集成应用实现柔性加工为教学实施主线，以专业对接产业、职业岗位课程对接职业标准、教材对接教学方法为目的，采用任务驱动的模式进行编写，任务目标明确，实现了理论和操作的统一，注重在任务完成过程中提升知识和技能，有利于实现“学中做”和“做中学”，促进学生分析问题、解决问题能力的培养。

本书在任务中设置了学习目标、工作任务、知识储备、任务实施、任务测评、课后习题等环节，涵盖了工业机器人与数控车床加工技术集成应用实现柔性加工编程与操作、工业机器人抓手设计、柔性加工工作台设计等内容，可满足工业机器人柔性加工教学需要，实现职业教育与社会生产实际的紧密结合。同时运用了“互联网+”技术，在重要知识点嵌入了二维码，使用者用智能手机进行扫描，便可在手机屏幕上显示和教学资源相关的多媒体内容，方便读者理解相关知识，进行更深入的学习。

本书由广西机电技师学院兰贵、唐杰任主编，向金林、韦运生、康立阳任副主编，参加编写的还有：杨智棠、陈梁铭、付强、石高勇、黄北源、农安锋、黄善政。具体编写分工：唐杰、韦运生编写模块一，兰贵编写模块二，康立阳、向金林、农安锋编写模块三，付强、石高勇编写模块四，杨智棠、陈梁铭、黄北源、黄善政编写模块五。全书配套微课视频由唐杰制作完成。本书为校企合作教材，通用技术集团大连机床有限责任公司提供部分案例及技术支持。

由于编者水平有限，书中错误和疏漏之处在所难免，敬请广大读者批评指正。

编 者

二维码索引

目 录

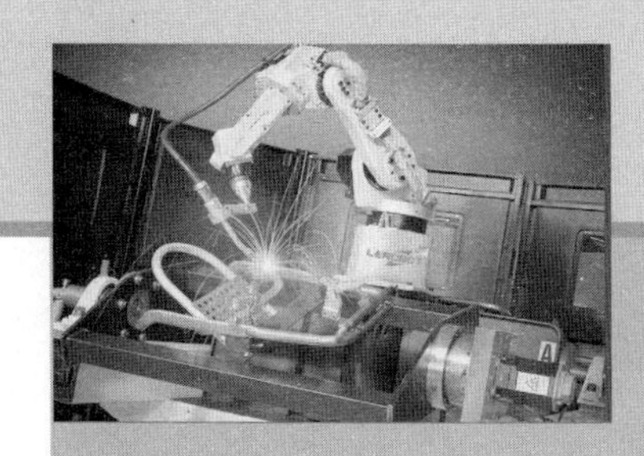

模块一

工业机器人柔性制造基础知识

任务一　认识工业机器人

学习目标

知识目标：1. 掌握工业机器人的定义。
　　　　　2. 了解国内外工业机器人的发展现状和趋势。
　　　　　3. 熟悉工业机器人的常用分类及其在行业中的应用。

能力目标：1. 能结合工厂生产线说出搬运工业机器人、码垛工业机器人、装配工业机器人、视觉工业机器人、喷涂工业机器人和焊接工业机器人的应用场合。
　　　　　2. 能进行简单的工业机器人操作。

工作任务

工业机器人是集机械、电子、控制、计算机、传感器、人工智能等多学科先进技术于一体的现代制造业重要的自动化装备。自1958年美国研制出世界上第一台工业机器人Unimate（图1-1）以来，工业机器人技术及其产品发展很快，已成为柔性制造系统（FMS）、工厂自动化（FA）、计算机集成制造系统（CIMS）的自动化工具。现代制造业广泛采用工业机器人，不仅可提高产品的质量与产量，而且对保障人身安全，改善劳动环境，减轻劳动强度，提高劳动生产率，节约原材料消耗以及降低生产成本有着十分重要的意义。和计算机、网络技术一样，工业机器人的广泛应用正在日益改变着人类的生产方式和生活方式。本任务的主要内容是了解工业机器人的现状和发展趋势；通过去现场参观，认识工业机器人相关企业；现场观摩或在技术人员的指导下操作三菱工业机器人，了解其基本结构组成。

图1-1　世界上第一台工业机器人Unimate

知识储备

一、工业机器人的定义

工业机器人是面向工业领域的多关节机械手或多自由度的机器装置，它能自动执行工作，是依靠自身动力和控制能力来实现各种功能的一种机器。它可以接受人类指挥，也可以按照预先编制的程序运行，现代的工业机器人还可以根据人工智能技术制定的原则纲领行动。

二、工业机器人的发展现状与趋势

1. 工业机器人的发展现状

工业机器人是典型的机电一体化数字化装备，技术附加值很高，应用范围很广，它作为先进制造业的支撑技术和信息化社会的新兴产业，将对未来生产和社会发展起着越来越重要的作用。国外专家预测，工业机器人产业是继汽车、计算机之后出现的一种新的大型高技术产业。据联合国欧洲经济委员会（UNECE）和国际机器人联合会（IFR）的统计，世界工业机器人市场前景看好，从20世纪下半叶起，世界工业机器人产业一直保持着稳步增长的良好势头；进入20世纪90年代，工业机器人产品发展速度加快，年增长率平均在10%左右。

2. 工业机器人的发展趋势

国内外工业机器人领域的发展近几年呈现以下几个趋势：

1）工业机器人性能不断提高（高速度、高精度、高可靠性、便于操作和维修），而单机价格不断下降。

2）机械结构向模块化、可重构化发展。例如，关节模块中的伺服电动机、减速机、检测系统三位一体化；由关节模块、连杆模块用重组方式构造工业机器人整机；国外已有模块化装配工业机器人产品问世。

3）工业机器人控制系统向基于个人计算机的开放型控制器方向发展，便于标准化、网络化；器件集成度提高，控制柜日见小巧，且采用模块化结构；系统的可行性、易操作性和可维修性大大提高。

4）工业机器人中传感器的作用日益重要，除采用传统的位置、速度、加速度传感器等外，装配、焊接工业机器人还应用了视觉、力觉传感器等，而遥控工业机器人则采用视觉、声觉、力觉、触觉等多传感器的融合技术来进行环境建模及决策控制，多传感器融合配置技术在产品化系统中已有成熟应用。

5）虚拟现实技术在工业机器人中的作用已从仿真、预演发展到用于过程控制，如遥控工业机器人，使操作者产生置身于远端作业环境中的感觉来操纵工业机器人。

三、工业机器人的种类及应用

1. 工业机器人的种类

工业机器人的常用种类有搬运工业机器人、焊接工业机器人、码垛工业机器人、分拣工业机器人、视觉工业机器人等。一些劳动密集型企业因为人工成本的不断上涨以及一些特殊作业环境对人体有危害等原因，开始大量使用工业机器人代替人工操作。

2. 工业机器人的应用

（1）搬运工业机器人（图 1-2）　这是可以进行自动化搬运作业的工业机器人。搬运作业是指用一种设备握持工件，从一个加工位置移到另一个加工位置。搬运工业机器人可安装不同的末端执行器以完成各种不同形状和状态的工件的搬运工作，大大减轻了工人繁重的体力劳动，被广泛应用于机床上下料、压力机自动化生产线、自动装配流水线、码垛搬运、集装箱等的自动搬运中。

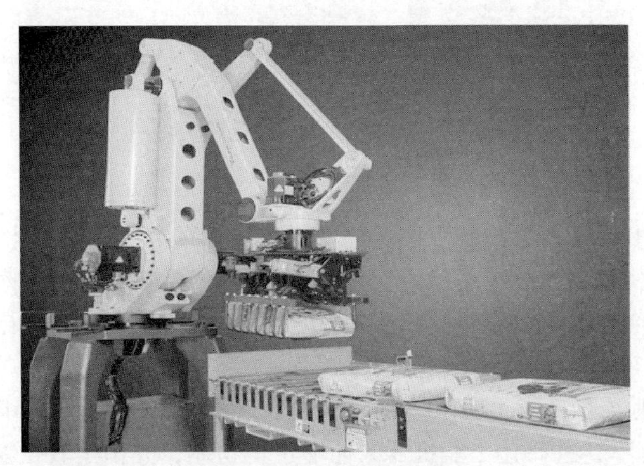

图 1-2　搬运工业机器人

（2）焊接工业机器人（图 1-3）　这是从事焊接（包括切割与喷涂）的工业机器人，用于工业自动化领域。为了适应不同的用途，工业机器人最后一根轴的机械接口通常是一个连接法兰，可接装不同工具或末端执行器。焊接工业机器人就是在工业机器人的末轴法兰上装接焊钳或焊炬，使之能进行焊接、切割或热喷涂等操作。

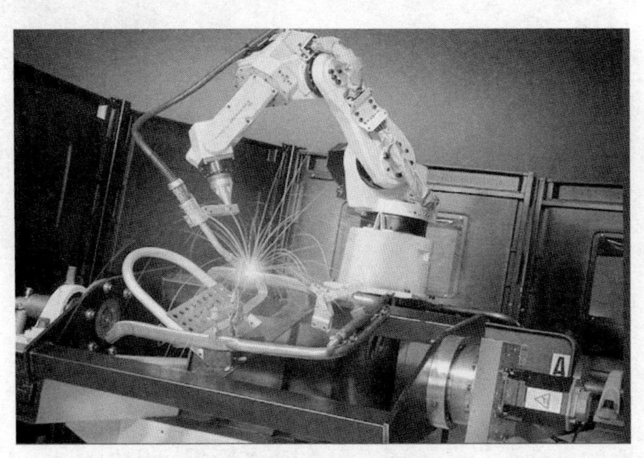

图 1-3　焊接工业机器人

（3）码垛工业机器人（图 1-4）　这是机、电一体化高新技术产品，中、低位码垛机器人可以满足中、低产量的生产要求，可按照要求的编组方式和层数完成料袋、胶块、箱体等各种产品的码垛。其优化的设计使得垛形紧密、整齐。工业机器人动作平稳可靠，码垛过程完全自动化，正常运转时无须人工干预，具有广泛的适用范围。

图 1-4　码垛工业机器人

（4）分拣工业机器人（图 1-5）　这是一种用来挑拣腐烂物质的工业机器人。早在 20 世纪 70 年代，人们就使用超声波技术检查、挑拣变质的蔬菜和水果。分拣工业机器人具备传感器、物镜和电子-光学系统，1h 就可以挑拣 3t 土豆，可以代替 6 名挑拣工人的劳动，工作质量大大超过人工作业。

（5）视觉工业机器人（图 1-6）　它通过视觉传感器获取环境的二维图像，并通过视觉处理器进行分析和解释，进而让工业机器人能够辨识物体，并确定其位置。视觉工业机器人广泛应用于电子、汽车、机械等工业部门和医学、军事领域，近 80% 的工业视觉系统主要用在检测方面，包括用于提高生产率、控制生产过程中的产品质量、采集产品数据等。

图 1-5　分拣工业机器人

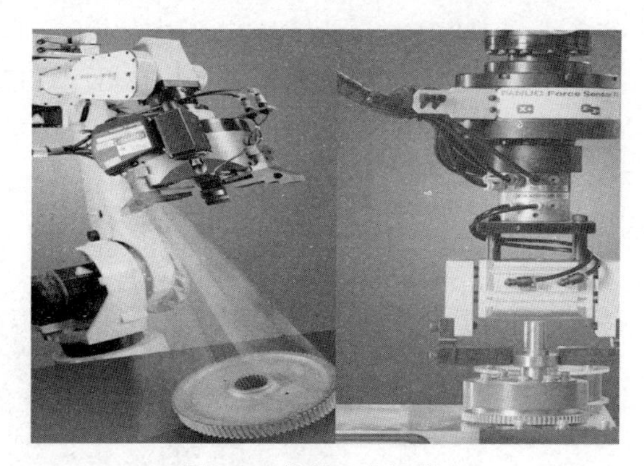

图 1-6　视觉工业机器人

四、工业机器人的安全使用

工业机器人与一般的自动化设备不同，可在动作区域范围内高速、自由运动，所以在操作工业机器人时必须严格遵守工业机器人操作规程，并且熟知工业机器人安全操作注意事项。由于工业机器人系统复杂且危险性大，操作者必须注意安全，设备运行期间，未经过培训认证的相关人员，一律不能进入工业机器人的工作区域。

1. 安全操作注意事项

1）万一发生火灾，应使用二氧化碳灭火器灭火。

2）工业机器人急停开关不允许被短接。

3）工业机器人处于自动模式时，任何人员都不允许进入其运动所及的区域。

4）工业机器人长时间停机时，夹具上不应置物，必须空机。

5）在工业机器人发生意外或运行不正常等情况下，均可使用急停开关，使其停止运行。

6）工业机器人在自动模式下，即使运行速度非常低，其动量仍很大，因此在进行编程、测试及维修等工作时，必须将工业机器人置于手动模式。

7）在手动模式下调试工业机器人，如果不需要移动工业机器人时，必须及时释放使能器。

8）调试人员进入工业机器人工作区域时，必须随身携带示教器，以防他人误操作。

9）如接到停电通知时，要预先关断工业机器人的主电源及气源开关。

10）突然停电后，要赶在来电之前预先关闭工业机器人的主电源开关，及时取下夹具上的工件。

11）维修人员必须保管好工业机器人钥匙，严禁非授权人员在手动模式下进入工业机器人软件系统，随意翻阅或修改程序及参数。

2. 示教器的使用

示教器（图 1-7）是工业机器人手持式操作终端，可通过示教器进入工业机器人程序，移动工业机器人各关节轴进行运行调试。示教器使用频率高，同时配备了高灵敏度的电子设备，为避免操作不当引起故障或损坏，在操作时要遵循以下规则：

1）小心操作。不要摔打、抛掷或重击示教器，否则会导致设备破损或故障。

2）在不使用该设备时，将其挂到墙壁支架上存放，以防止其意外落地。

3）示教器日常使用和存放时都应防止设备电缆被人踩踏。

图 1-7　示教器外形

4）切勿使用锋利的物体（例如螺钉旋具或笔尖）操作示教器，以免损伤显示屏及按键。

5）定期清洁示教器显示屏，以免灰尘和小颗粒造成显示屏故障。

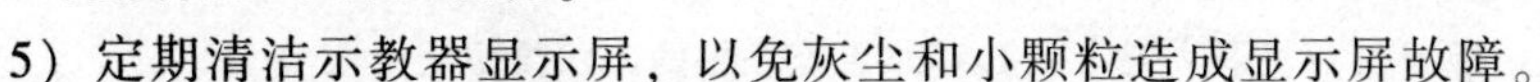

6）切勿使用溶剂、洗涤剂或擦洗海绵清洁示教器，要使用软布醮少量水或中性清洁剂来清洁。

3. 手动模式的安全使用

在手动减速模式下，工业机器人只能减速（速度为 250mm/s 或更慢）操作（移动）。操作者只要在安全保护空间之内工作，就应始终以手动速度进行操作。在手动全速模式下，工业机器人以预设速度移动。手动全速模式仅用于所有人员都位于工作区域之外时，而且操作人员必须经过安全培训，深知潜在的危险。

4. 自动模式的安全使用

自动模式用于在生产中运行工业机器人程序。在自动模式下，启动装置断开，以便工业机器人在没有人工干预的情况下进行移动。在自动模式运行情况下，常规模式安全停止（GS）机制、自动模式安全停止（AS）机制和上级安全停止（SS）机制都处于活动状态。

5. 紧急停止的使用

紧急停止是一种超越其他任何操纵器控制的状态，指断开驱动电源与操纵器电动机的连接，停止所有运动部件，并断开电源与操纵器系统控制的任何可能存在危险的功能的连接。出现下列情况时，需要立即按下紧急停止按钮（图 1-8）：

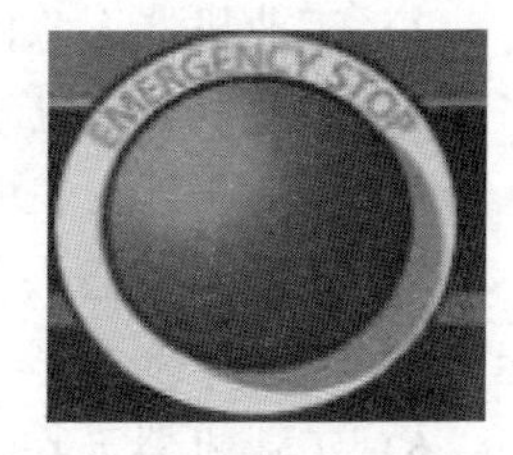

图 1-8　紧急停止按钮

1）工业机器人自动运行中，工作区域内有工作人员。

2）工业机器人伤害了工作人员或损伤了机械设备。

任务实施

一、任务准备

实施本任务教学所使用的实训设备及工具材料可参考表 1-1。

表 1-1　实训设备及工具材料

序号	分类	名称	型号/规格	数量	单位	备注
1	工具	电工常用工具		1	套	
2	设备器材	工业机器人	三菱，型号自定	1	套	
3			广数，型号自定	1	套	
4			FANUC，型号自定	1	套	
5			YASKAWA，型号自定	1	套	
6			自定	1	套	

二、观看录像

观看工业机器人在工厂自动化生产线中的应用录像，记录工业机器人的品牌及型号，并查阅相关资料，了解工业机器人的类型、品牌和应用等，填入表 1-2 中。

表 1-2　观看工业机器人在工厂自动化生产线中的应用录像记录表

序号	类型	品牌及型号	应用场合
1	搬运工业机器人		
2	码垛工业机器人		
3	装配工业机器人		
4	焊接工业机器人		
5	涂装工业机器人		

三、参观工厂、实训室

参观实训室（图 1-9），记录工业机器人的品牌及型号，并查阅相关资料，了解工业机器人的主要技术指标及特点，填入表 1-3 中。

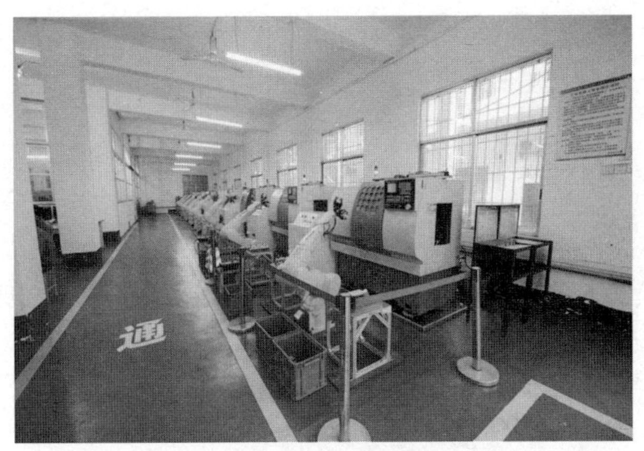

图 1-9　工业机器人编程与操作实训室

表 1-3　参观工厂、实训室记录表

序号	工业机器人品牌及型号	主要技术指标	特点
1			
2			
3			

任务测评

对任务实施的完成情况进行检查，并将结果填入表 1-4 中。

表 1-4　任务测评表

序号	主要内容	考核要求	评分标准	配分	扣分	得分
1	观看录像	正确记录工业机器人的品牌及型号，正确描述其主要技术指标及特点	1)记录工业机器人的品牌、型号，有错误或遗漏，每处扣 5 分 2)描述其主要技术指标及特点，有错误或遗漏，每处扣 5 分	20		
2	参观工厂	正确记录工业机器人的品牌及型号，正确描述其主要技术指标及特点	1)记录工业机器人的品牌、型号，有错误或遗漏，每处扣 5 分 2)描述其主要技术指标及特点，有错误或遗漏，每处扣 5 分	20		
3	工业机器人操作练习	1)观察工业机器人操作过程，能说出安全注意事项、安全使用原则和操作注意事项 2)能正确进行工业机器人的操作	1)不能说出工业机器人的安全注意事项，扣 10 分 2)不能说出工业机器人的安全使用原则，扣 10 分 3)不能说出工业机器人的操作注意事项，扣 10 分 4)不能根据控制要求完成工业机器人的简单操作，扣 20 分	50		
4	安全文明生产	1)劳动保护用品穿戴整齐 2)遵守操作规程，讲文明礼貌 3)操作结束要清理现场	1)操作中，违反安全文明生产考核要求中的任何一项，扣 5 分，扣完为止 2)当发现有重大事故隐患时，要立即制止学生，每次都要扣安全文明生产总分(5 分)	10		
合计				100		
开始时间：			结束时间：			

课后习题

一、填空题

1. 工业机器人是集______、______、______、______、______、______等多学科先进技术于一体的现代制造业重要的自动化装备。

2. 在手动减速模式下，工业机器人只能减速（速度为250mm/s或更慢）操作（移动）。操作者只要在安全保护空间之内工作，就应始终以______速度进行操作。

3. 自动模式用于在生产中运行工业机器人程序。在______模式下，启动装置______，以便工业机器人在没有人工干预的情况下进行移动。

4. 紧急停止是一种______其他任何操纵器控制的状态，指断开驱动电源与操纵器电动机的连接，______所有运动部件，并断开电源与操纵器系统控制的任何可能存在危险的功能的连接。

二、选择题

1. 国际标准化组织（ISO）曾于1984年将工业机器人定义为（　　）。

①工业机器人是一种自动的　　②位置可控的

③具有编程能力的　　④多功能操作机

A. ①②　　B. ②③　　C. ①②③　　D. ①②③④

2. 国内外工业机器人领域的发展近几年呈现（　　）趋势。

①工业机器人性能不断提高　　②机械结构向模块化发展

③控制系统向开放型方向发展　　④传感器的作用日益重要

⑤已从仿真、预演发展到用于过程控制　　⑥工业机器人单机价格不断上升

A. ①②③　　B. ②③④　　C. ①②③④⑤　　D. ①②⑥

3. 紧急停止是一种超越其他任何操纵器控制的状态，工业机器人在自动运行过程中出现下列（　　）情况时应立即按下紧急停止按钮。

①工作区域内有工作人员　　②对人员或机械设备造成伤害和损伤

③工作区域内工作人员已撤离　　④工业机器人运行速度过慢

A. ①②　　B. ②③　　C. ①②③　　D. ①②③④

三、简答分析题

1. 国际上对工业机器人的定义有很多，请阐述各国是如何对工业机器人进行定义的。

2. 常用的工业机器人种类与其应用分别有哪些？

任务二　工业机器人的基本结构

学习目标

知识目标：1. 认识工业机器人的基本结构及名称。

2. 了解工业机器人的规格及参数

能力目标：1. 能够说出工业机器人的基本结构及名称。

2. 能理解工业机器人的规格及参数。

工作任务

工业机器人的基本结构可以分为本体机械结构和控制系统两大部分。本体机械结构可划分为多个移动轴，每个移动轴都有一定的自由度。如果工业机器人安装有地轨，则是行走工业机器人；如果未安装有地轨及转身机构，则是单臂工业机器人。控制系统部分根据外部接入信号及作业指令程序及传感器反馈信号，支配工业机器人执行规定的动作和功能。

本任务的主要内容是了解工业机器人的结构组成和相关参数；通过学习，认识工业机器人的基本结构及名称，能在现场说出工业机器人本体机械结构组成和相关规格参数。

知识储备

一、工业机器人本体机械结构

工业机器人本体机械结构可分为水平多关节型和垂直多关节型两种（图 1-10）。水平多关节型工业机器人的第一、第二、第四轴具有转动特性，第三轴具有线性移动特性，并且第三轴和第四轴可以根据工作需要相应调整成多种不同的姿态。水平多关节型工业机器人主要是对平面上的工件进行平移、装配等，动作速度非常快。垂直多关节型工业机器人的六个轴都具有转动特性，可通过插补联动方式使末端执行器线性移动。相对于水平多关节型工业机器人，垂直多关节型工业机器人能适应各种复杂的工况，比水平多关节型工业机器人应用广泛。本任务着重讲解垂直多关节型工业机器人。

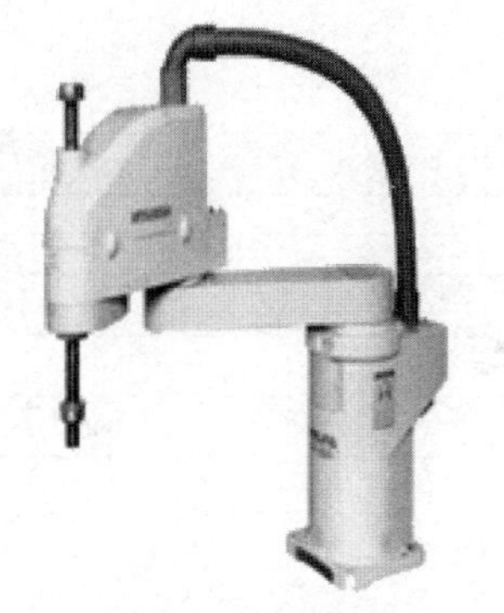

a) 水平多关节型RH型

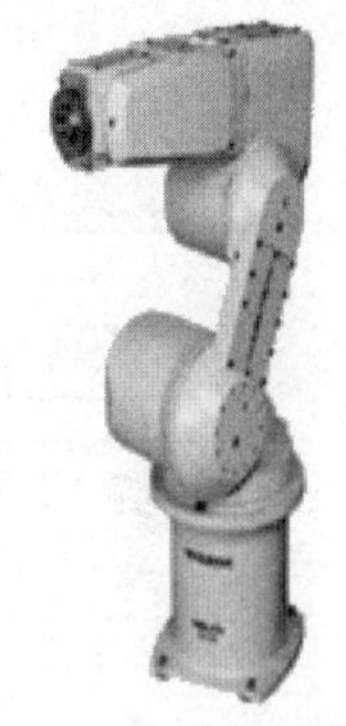

b) 垂直多关节型RV型

图 1-10　水平多关节型和垂直多关节型工业机器人

1. 工业机器人本体机械结构组成

工业机器人本体机械结构由基座、肩部、上臂、肘部、前臂和腕部六部分组成，分别对应的是 J1、J2、J3、J4、J5 和 J6 六个关节移动轴（图 1-11）。

2. 工业机器人本体机械结构的规格及参数

（1）工业机器人本体机械结构的规格　图 1-12 中列出了垂直多关节型工业机器人本体机械结构的多种系列，每种系列对应有可搬运重量和臂长，对于相同的可搬运重量，根据需要可有不同的臂长。

（2）工业机器人本体机械结构的型号解读　对图 1-12 中垂直多关节型工业机器人系列中的 RV-7FL 与 RV-7F 两种型号进行解读。

型号：RV(a)-7(b)F(c)L(d)

a：表示垂直多关节型工业机器人；

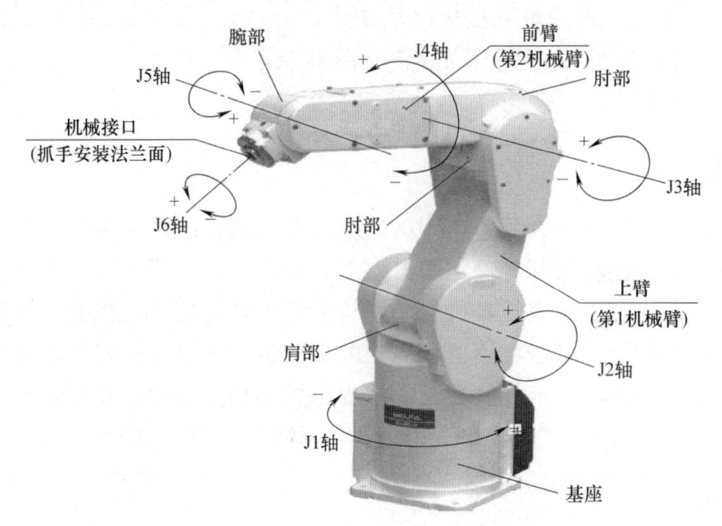

图 1-11　垂直多关节型工业机器人本体机械结构名称

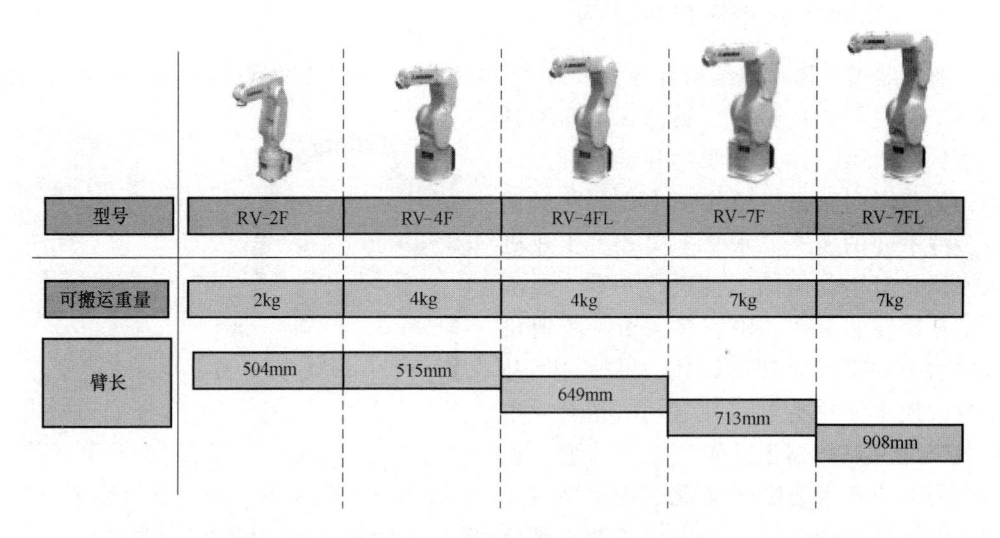

图 1-12　垂直多关节型工业机器人系列

b：表示最大可搬运重量（kg）；

c：表示系列代号；

d：表示长机械臂。

RV-7F 是标准机械臂长度，RV-7FL 表示长机械臂。

（3）工业机器人本体机械结构参数　图 1-13 所示为 RV-7FL 垂直多关节型工业机器人系列本体机械结构参数，各移动轴的参数及运动范围见表 1-5。

表 1-5　各移动轴运动范围

轴名称	移动范围	轴名称	移动范围
J1 轴	±240°	J4 轴	±200°
J2 轴	−115°～125°	J5 轴	±120°
J3 轴	0°～115°	J6 轴	±360°

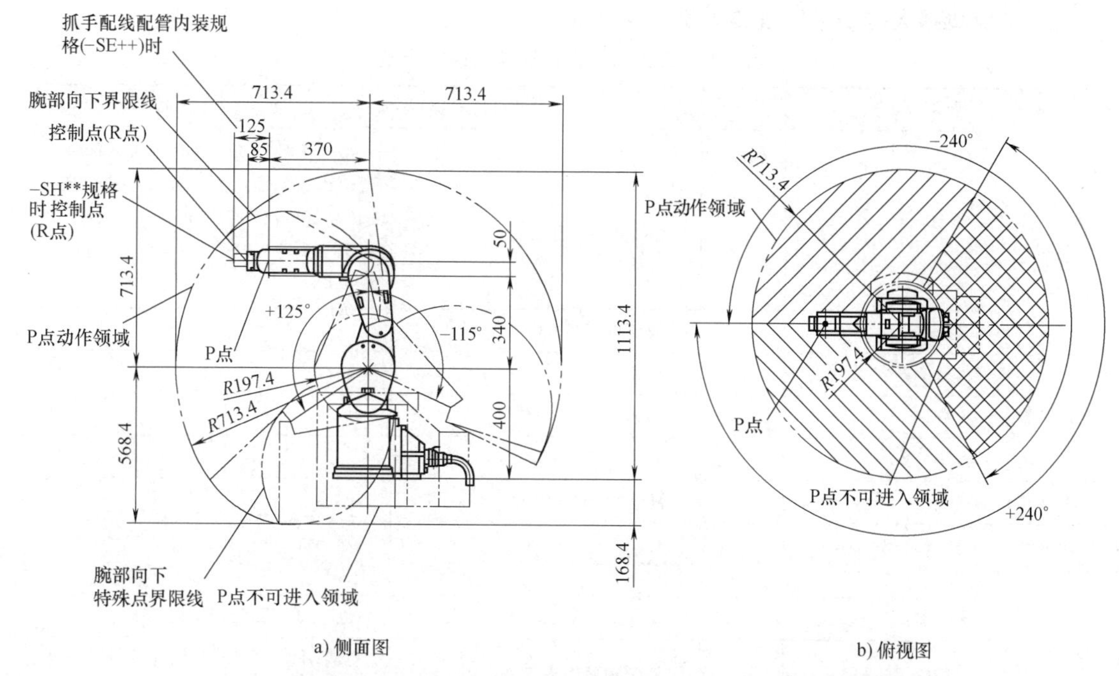

图 1-13 RV-7FL 垂直多关节型工业机器人系列本体机械结构参数

二、工业机器人控制系统

工业机器人控制系统包含控制器、伺服驱动器、示教器、拓展模块等，其中拓展模块一般包括力觉控制、视觉控制、抓取控制模块等，工业机器人的动作都有与之相对应的拓展模块。

1. 工业机器人控制系统的组成

如图 1-14 所示，CR750-D/CRnD-700 系列控制系统包含控制器、CC-Link 接口卡、主站模块、远程设备站、远程 I/O 站、变频器、GOT 和计算机。

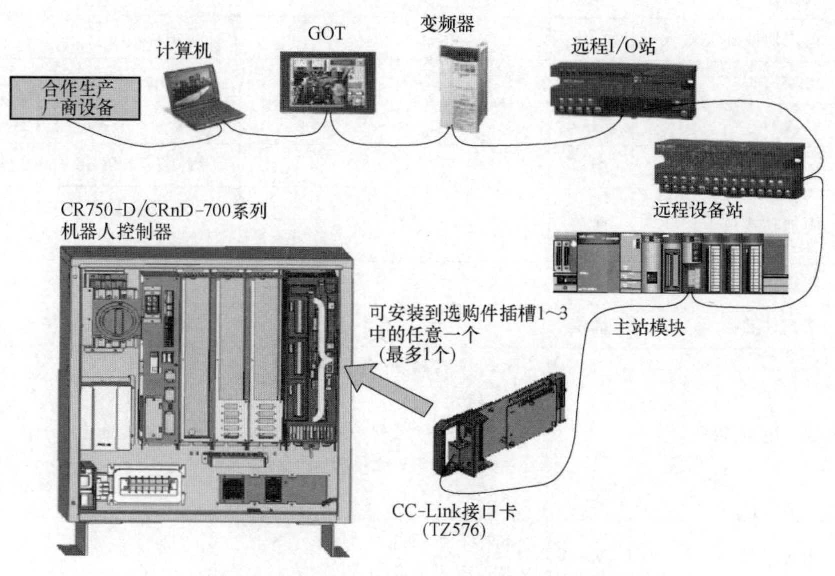

图 1-14 CR750-D/CRnD-700 系列控制系统

2. 工业机器人控制系统规格参数（表 1-6）

表 1-6 工业机器人控制系统规格参数

项目		单位	规格	备注
型号			CR751-□VD-1 CR751-07VLD-1	型号中的□为工业机器人本体的可搬运重量(4kg:“04”,7kg:“07”,13kg:“13”,20kg:“20”)。 CR751-07VLD-1 为 RV-7FLL 所用的控制器
控制轴数			最多可同时 6 轴	
存储容量	示教位置数	点	39000	
	步数	步	78000	
	程序个数	个	512	
编程语言			MELFA-BASIC Ⅴ	
位置示教方式			示教方式或 MDI 方式	
外部输入输出	输入输出	点	输入 0 点/输出 0 点	最多可扩展至 256 点/256 点
	专用输入输出		分配到通用输入输出中	“STOP”是专用信号,在地址分配里它的地址是“1”,是固定的
	抓手开闭输入输出	点	输入 8 点/输出 8 点	内置
	紧急停止输入	点	1	冗余
	门开关输入	点	1	冗余
	可用设备输入	点	1	冗余
	紧急停止输出	点	1	冗余
	模式输出	点	1	冗余
	工业机器人出错输出	点	1	冗余
	附加轴同步	点	1	冗余
	模式切换开关输入	点	1	冗余
接口	RS-422	端口	1	TB 专用
	以太网	端口	1	10BASE-T/100BASE-Tx
	USB	端口	1	仅版本 2.0Full Speed 软件功能
	附加轴接口	通道	1	SSCNET Ⅲ与 MR-J3-B、MR-J3-B 系列连接
	跟踪接口	通道	2	
	选购件插槽	插槽	2	选购件接口安装用
电源	输入电压范围	V	RV-4F 系列:单相 AC180~253V RV-7F/13F 系列:三相 AC180~253V 或单相 AC207~253V	不包含浪涌电流
	电源容量	kV·A	RV-4F 系列:1.0 RV-7F 系列:2.0	

任务实施

一、任务准备

实施本任务教学所使用的实训设备及工具材料可参考表 1-7。

表 1-7 实训设备及工具材料

序号	分类	名称	型号/规格	数量	单位	备注
1	工具	笔记本		1	本	
2	设备器材	工业机器人	三菱 RV-7FL 系列本体	1	台	
3			三菱 CR750-D/CRnD-700 系列控制系统	1	套	

二、现场学习

现场听取相关讲解，了解工业机器人的结构名称和规格，记录三菱工业机器人的规格及型号，并查阅相关资料，了解工业机器人的基本结构名称、规格参数等，填写于表 1-8 中。

表 1-8 结构名称和规格记录表

序号	项目	型号/规格	备注
1	本体结构		
2	控制系统		
3	可搬运重量		
4	臂长		

三、实训教室

参观实训教室（图 1-15），记录三菱工业机器人本体结构部位名称，并查阅相关资料，了解三菱工业机器人本体结构的主要技术参数及特点，填写于表 1-9 中。

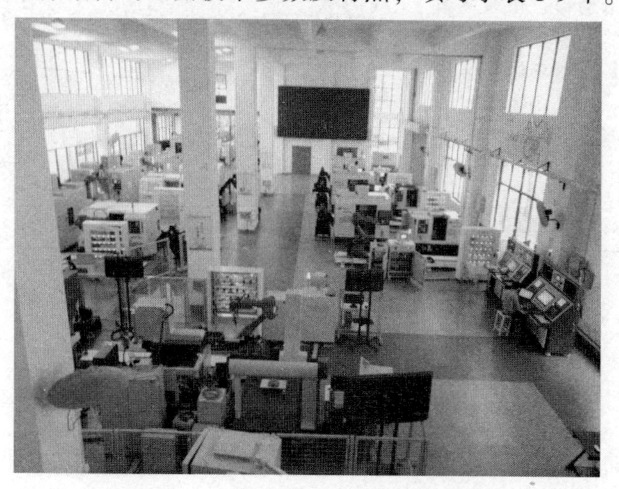

图 1-15 工业机器人编程与操作实训室

表 1-9　实训教室记录表

序号	本体结构部位名称(轴)	主要技术参数	特点
1			
2			
3			
4			
5			
6			

任务测评

对任务实施的完成情况进行检查，并将结果填入表 1-10 中。

表 1-10　任务测评表

序号	主要内容	考核要求	评分标准	配分	扣分	得分
1	参观实训教室	1)正确记录工业机器人的型号 2)正确描述工业机器人的规格	1)记录工业机器人的型号,有错误或遗漏,每处扣5分 2)描述工业机器人主要技术参数,有错误或遗漏,每处扣5分	20		
2	观察工业机器人本体结构	1)正确说出工业机器人本体各部位的名称 2)正确描述工业机器人各关节轴的参数	1)能正确说出工业机器人本体结构各部位名称,有错误或遗漏,每处扣5分 2)能正确描述工业机器人本体各关节轴主要技术参数,有错误或遗漏,每处扣5分	40		
3	观察工业机器人控制系统	1)能正确说出工业机器人控制系统的组成部分 2)能正确描述工业机器人控制系统的规格参数	1)能正确说出工业机器人控制系统各组成部分名称,有错误或遗漏,每处扣5分 2)能正确描述工业机器人控制系统主要规格参数,有错误或遗漏,每处扣5分	30		
4	安全文明生产	1)劳动保护用品穿戴整齐 2)遵守操作规程,讲文明礼貌 3)操作结束要清理现场	1)操作中,违反安全文明生产考核要求中的任何一项,扣5分,扣完为止 2)当发现有重大事故隐患时,要立即制止学生,每次都要扣安全文明生产总分(5分)	10		
合计				100		
开始时间:			结束时间:			

课后习题

一、填空题

1. 工业机器人的基本结构可以分为____________、____________两大部分。

2. 如果工业机器人安装有地轨，则是________工业机器人；如果未安装有地轨及转身机构，则是________工业机器人。

3. 工业机器人本体机械结构可分为________和________两种。

4. 垂直多关节型工业机器人的________轴都具有转动特性，可通过________联动方式使末端执行器________移动。

二、选择题

1. 工业机器人本体机械结构由（　　）组成。

①基座　②肩部　③上臂　④气动抓手

⑤肘部　⑥前臂　⑦腕部　⑧快换抓手

A. ①②③⑤⑧　B. ①②③⑥④　C. ①②③④⑤　D. ①②③⑤⑥⑦

2. 水平多关节型工业机器人（　　）具有转动特性，（　　）具有线性移动特性，并且（　　）可以根据工作需要相应调整成多种不同的姿态。

①第一轴　②第二轴　③第三轴

④第四轴　⑤第五轴　⑥第六轴

A. ①②④　B. ③　C. ③④　D. ①②⑥⑤

3. 工业机器人控制系统包含控制器、伺服驱动器、示教器、拓展模块等，其中拓展模块一般包括（　　）模块等，工业机器人的动作都有与之相对应的拓展模块。

①力觉控制　②视觉控制　③顺序控制

④抓取控制　⑤逻辑控制　⑥数字控制

A. ①②③⑤　B. ②③④⑤　C. ①②④　D. ①②③④

三、简答分析题

1. 阐述图 1-12 所示垂直多关节型工业机器人系列 RV-4F 型号工业机器人的相关参数。

2. 水平多关节型工业机器人与垂直多关节型工业机器人各有哪些特性？

任务三　工业机器人维护保养

学习目标

知识目标：了解工业机器人日常维护保养的项目。

能力目标：掌握工业机器人本体日常维护内容和步骤。

工作任务

工业机器人的保养非常关键，它对于延长工业机器人的使用寿命和降低故障发生率非常重要。工业机器人的日常保养可由操作者来完成，一些关键和重要部位的保养和维护必须由厂家专业人员来完成。本任务的主要内容是了解工业机器人日常维护保养项目，通过学习掌握工业机器人日常维护内容和步骤。

知识储备

一、工业机器人的维护保养内容和要求

工业机器人的维护保养应包括工业机器人本体机械结构和控制系统的维护保养，维护保养的层次分为日常维护保养和定期维护保养。

1. 工业机器人的日常维护保养内容（表 1-11）

表 1-11　工业机器人的日常维护保养内容

步骤	保养内容(部位)	异常时的处理
	电源接通前(电源接通前要进行保养的项目)	
1	工业机器人安装螺栓是否松动(目视)	如有松动,应切实拧紧螺栓
2	盖板紧固螺钉是否松动(目视)	如有松动,应切实拧紧螺钉
3	抓手的安装螺钉是否松动(目视)	如有松动,应切实拧紧螺钉
4	电源电缆是否正常连接(目视)	如有异常,应切实连接
5	本体与控制器之间电缆是否正常连接(目视)	如有异常,应切实连接
6	工业机器人本体有无裂痕或者异物附着(目视)	如有,更换新部件或者做应急处理
7	有无空气泄漏、排水堵塞、气管弯折(目视)	疏通排水,空气泄漏应更换部件
	电源接通后(电源接通后要进行保养的项目)	
	电源接通后,有无异常动作和异常声音	如有,应进行故障排除
	运行时(应单独通过程序进行试运行)	
1	确认动作点是否偏离,偏离时应检查以下项目: 1)安装螺栓有无松动 2)抓手部位的安装螺钉有无松动 3)工业机器人以外的夹具位置有无偏离 4)在位置偏差无法消除的情况下,请参阅《CR750-CR751控制器操作说明书(附录1.2　发生故障与对策)》部分进行确认、处理	通过排除故障进行处理
2	有无异常动作和异常声音	通过排除故障进行处理

2. 工业机器人的定期保养内容和要求（表 1-12）

表 1-12　工业机器人的定期保养内容和要求

步骤	保养内容(部位)	异常时的处理
	1个月、3个月、6个月保养的项目	
1	工业机器人本体各部位的螺栓、螺钉有无松动	如有松动,应切实拧紧
2	连接器固定螺栓、端子排的端子螺栓有无松动	如有松动,应切实拧紧
	1年保养的项目	
	应对工业机器人本体内的备用电池进行更换	按说明书要求进行更换
	2年保养的项目	
1	同步带齿部的磨损是否严重	如有带齿的缺损及严重磨损应更换同步带
2	同步带的张紧情况有无异常,位置是否有偏差	出现过松、过紧的情况应进行张力调整

二、工业机器人本体机械结构的维护保养

工业机器人本体是执行单元，使用频率高，所以工业机器人本体的维护保养显得非常重要，保养做得是否到位对工业机器人的使用寿命有很大的影响。

1. 工业机器人本体机械结构日常维护保养

1）检查各轴电缆、动力电缆与通信电缆。

2）检查各轴运动状况。

3）检查工业机器人本体齿轮箱、手腕部位是否有漏油、渗油现象。

4）检查工业机器人零位。

5）检查工业机器人本体电池。

6）检查工业机器人各轴电动机与制动装置是否正常。

7）为工业机器人本体各轴加润滑油。

8）检查工业机器人本体各轴限位挡块是否正常。

2. 工业机器人本体机械结构定期维护保养

（1）工业机器人同步带的更换　由于同步带的使用寿命与工业机器人的工作频率及工作环境有较大关系，因此需要定期进行检查和维护保养，如发生了以下情况，必须更换同步带，确保工业机器人正常运行。

1）同步带带齿的齿根或者背部产生了裂缝（裂纹）的情况。

2）由于润滑油等附着导致同步带膨胀（凸起）的情况。

3）产生了同步带带齿的磨损（约占齿宽的1/2）的情况。

4）由于同步带带齿的磨损导致跳齿的情况。

5）同步带产生了断裂的情况。

（2）工业机器人各关节轴上油保养　工业机器人本体的各关节轴需要定期上油保养，才能延长工业机器人的使用寿命。

1）工业机器人本体上油位置（图1-16）。

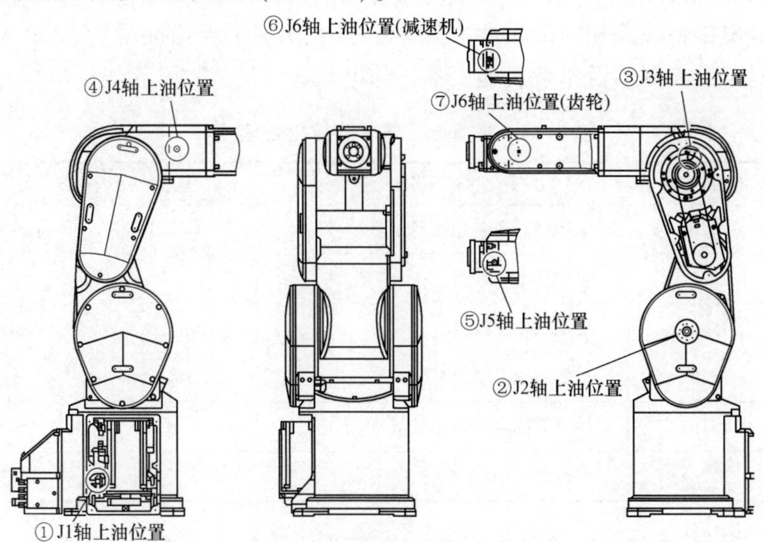

图1-16　RV-7F系列工业机器人本体上油位置

注：RV-4FJL（5轴型）不使用。

2）工业机器人本体上油规格（表 1-13）。

表 1-13 RV-7F 系列工业机器人本体上油规格

编号	上油位置	注油形式	供应润滑油（生产厂商）	出厂时上油量	上油时间	上油量基准	可卸下的盖板
①	J1 轴减速机	油脂喷嘴 WA-610	4BNo2（日本 HARMONIC DRIVE SYSTEMS, Inc.）	105g	24000h	12g	J1 电动机盖板
②	J2 轴减速机			90g		12g	
③	J3 轴减速机			45g		8g	2 号机械臂盖板 L
④	J4 轴减速机			19.5g		4g	
⑤	J5 轴减速机			13.5g		2g	
⑥	J6 轴减速机			9.15g		2g	
⑦	J6 轴齿轮			11g		1.3g	腕部盖板

3）工业机器人本体上油方法。

① 根据工业机器人的不同型号，将工业机器人置为图 1-16（RV-4F/7F 系列）所示的姿势。

② 根据盖板的拆装方法卸下必要的盖板。

③ 用布料等保护同步带，以防止上油时油脂飞溅到同步带上。

④ 对 RV-7F 系列工业机器人，卸下从 J4 轴上油位置到 J6 轴上油位置（齿轮）的螺栓后，安装附带的油脂喷嘴，应以 4.7~6.3N · m 的力矩拧紧油脂喷嘴。

（3）工业机器人电池的更换　由于工业机器人位置检测使用绝对编码器，因此电源断开时需要备份电池存储编码器位置数据。此外，控制器中程序等的存储也使用备份电池，这些电池在产品出厂时由工厂安装，但由于是消耗品，因此要定期更换。

1）工业机器人电池的更换周期。

工业机器人通常使用锂电池，更换期限约为 1 年，根据工业机器人的使用状况更换时间有所不同。电池出错情况及相应处理办法见表 1-14。发生了出错编号为 7500 的情况时，应同时更换工业机器人控制器及工业机器人本体的电池。

表 1-14 电池出错情况及相应处理办法

分类	出错编号	说　明	处理方法
控制器	7520	电池超过了使用时间	应更换电池
	7510	电池的电压偏低	
	7500	电池的电压过低	及时更换电池，备份数据恢复
机器人本体	7520	电池超过了使用时间	应更换电池
	133n	编码器的电池电压过低	
	112n	编码器的绝对位置数据丢失	重设绝对位置数据，备份数据恢复

2）电池基板连接电缆是用于从备份电池向编码器供电的电缆，使用时以及更换时必须切实连接。如果连接不良，编码器中无电源供应，位置数据将丢失，需要重新进行原点设

置。备份电池的更换必须逐个进行，如果同时将全部备份电池卸下，编码器的位置数据将丢失，需要重新进行原点设置。

3）工业机器人本体备用电池（图 1-17）的更换步骤如下。

① 确认工业机器人本体与控制器间的电缆切实连接。

② 将控制器的控制电源置于 ON。此外，更换电池过程中通过控制器的电源供应保持位置数据。因此，如果电缆连接不良，或控制器的电源处于 OFF 状态时，位置数据将丢失。

③ 按下紧急停止按钮，将工业机器人置于紧急停止状态。这是为了保证安全而进行的处理，必须加以实施。

④ 按照盖板的拆装方法，将 CONBOX 盖板从工业机器人本体上卸下。

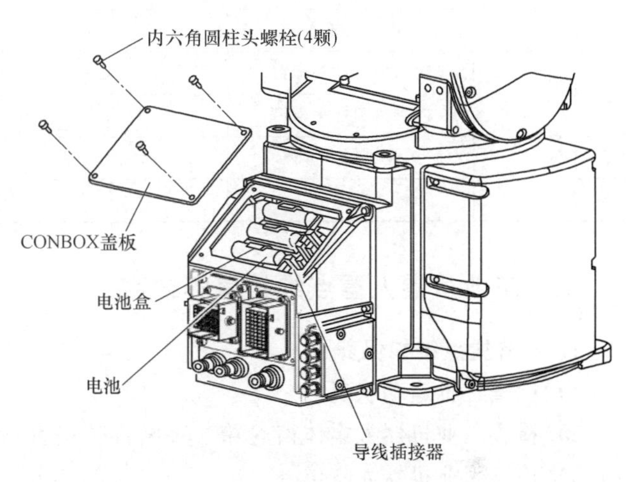

图 1-17　工业机器人本体备用电池

注：图示为 RV-4F 系列工业机器人的示例，其他机种也相同。

⑤ 电池盒位于 CONBOX 盖板内，将旧电池从电池盒中取出，卸下导线插接器。

⑥将新电池插入到电池盒中，连接到导线插接器上。此外，进行电池更换时应一次将所有电池均更换为新电池。如果还有旧电池，旧电池有可能会因发热而破损。

⑦ 安装 CONBOX 盖板。

⑧ 对电池使用时间进行初始化。

三、工业机器人控制系统的维护保养

1）检查主机板、存储板、计算板和驱动板。

2）检查控制柜里有无杂物、灰尘等，查看密封性。

3）检查插头是否松动，电缆是否松动或者出现破损现象。

4）检查风扇是否正常。

5）检查程序存储电池。

6）优化工业机器人控制柜硬盘空间，确保运转空间正常。

7）检查示教器按键的有效性，急停回路是否正常，显示屏是否能正常显示。

8）检查工业机器人是否可以正常完成程序备份和重新导入功能。

9）检查变压器及熔体是否正常。

任务实施

一、任务准备

实施本任务教学所使用的实训设备及工具材料见表 1-15。

表 1-15　实训设备及工具材料

序号	分类	名称	型号/规格	数量	单位	备注
1	工具	内六角扳手	3.0mm	1	个	工具墙
2		内六角扳手	4.0mm	1	个	工具墙
3	设备器材	内六角圆柱头螺钉	M4	4	颗	工具墙红色盒
4		内六角圆柱头螺钉	M5	4	颗	工具墙红色盒
5		工业机器人本体	自定	自定	自定	实训教室
6		电池		1	块	物料间领料

二、工业机器人重点维护保养内容

1. 日常重点维护保养

1）检查各轴运动状况。

2）检查工业机器人本体齿轮箱，手腕部位是否有漏油、渗油现象。

3）检查工业机器人零位。

4）检查工业机器人本体各轴限位挡块。

2. 定期重点维护保养

1）检查工业机器人本体各部位的螺栓、螺钉有无松动，如有松动应切实拧紧。

2）检查同步带齿部的磨损是否严重，如带齿缺损或严重磨损，应该更换。

3）检查工业机器人本体内备用电池的电量是否正常，如需更换应按说明书要求进行更换。注：电池一般都有规定的使用寿命，应定期更换。

任务测评

对任务实施的完成情况进行检查，并将结果填入表 1-16 中。

表 1-16　任务测评表

序号	主要内容	考核要求	评分标准	配分	扣分	得分
1	检查各轴的运动情况	正确使用关节、直交方式移动各轴，检查各轴运动情况	1）使用关节方式移动 J1～J6 轴，每少移动一轴，扣 5 分 2）使用直交方式移动 X、Y、Z 轴，A、B、C 轴，每少移动一轴，扣 5 分	40		
2	检查本体齿轮箱、腕部是否漏油	通过目视方法检查齿轮箱、腕部是否有漏油	1）齿轮箱少检查一处，每处扣 5 分 2）腕部少检查一处，每处扣 5 分	20		
3	检查工业机器人本体各部位的螺栓	检查工业机器人本体各部位的螺栓、螺钉有无松动，如有松动，应切实拧紧	螺钉如有松动，没有切实拧紧，每处扣 5 分	10		
4	检查同步带齿部的磨损是否严重	检查同步带齿部的磨损是否严重，能正确打开工业机器人本体防护罩	1）正确打开工业机器人本体防护罩，如有错误，每处扣 5 分 2）检查同步带齿部的磨损情况，存在遗漏或者错误之处，每处扣 10 分	20		

（续）

序号	主要内容	考核要求	评分标准	配分	扣分	得分
5	安全文明生产	劳动保护用品穿戴整齐；遵守操作规程；讲文明礼貌；操作结束要清理现场	1)操作中，违反安全文明生产考核要求的任何一项，扣5分，扣完为止 2)当发现有重大事故隐患时，要立即制止学生，每次都要扣安全文明生产总分(5分)	10		
合计				100		
开始时间：			结束时间：			

课后习题

一、填空题

1. 工业机器人的维护保养应包括工业机器人本体机械结构和控制系统的维护保养，维护保养的层次分为______维护保养和______维护保养。

2. 工业机器人______使用绝对编码器，因此电源断开时需要备份电池存储编码器______。

3. 如果同时将全部备份电池卸下，编码器的位置数据将______，需要重新进行______。

4. 同步带的使用寿命与工业机器人的工作频率及工作环境有______关系，因此需要定期______和______。

二、选择题

1. 工业机器人本体机械结构日常维护保养有（　　）。

①检查工业机器人本体各轴限位挡块　②检查存储板　③检查主机板

④检查各轴运动状况　⑤检查工业机器人零位　⑥检查硬盘空间

A. ①②③　B. ①②⑥　C. ③④⑤　D. ①⑤④

2. 工业机器人控制系统的维护保养有（　　）。

①检查工业机器人是否可以正常完成程序备份和重新导入功能

②检查示教器按键的有效性，急停回路是否正常，显示屏是否能正常显示

③检查工业机器人齿轮箱、手腕部位是否有漏油、渗油现象

④为工业机器人各轴加润滑油

⑤优化工业机器人控制柜硬盘空间，确保运转空间正常

A. ①②⑤　B. ①②③④　C. ③④⑤⑥　D. ①②⑤⑥

3. 工业机器人控制器电池超出使用时间会显示（　　）出错编号。

①7500　②7520　③7510　④7250

A. ①　B. ③　C. ②　D. ④

三、简答分析题

1. 叙述工业机器人本体电池的更换步骤。

2. 工业机器人出现哪些情况必须更换同步带？

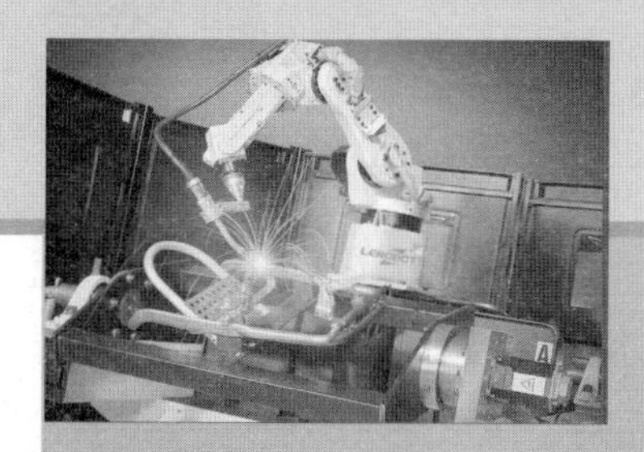

模块二
工业机器人的编程与操作

任务一 三菱工业机器人示教器与仿真软件操作

学习目标

知识目标：1. 掌握三菱工业机器人的示教单元操作。
2. 掌握 RT ToolBox2 仿真软件的操作。

能力目标：1. 能熟悉三菱工业机器人示教单元的各项功能操作。
2. 能熟练运用 RT ToolBox2 仿真软件进行离线编程及在线模拟。

工作任务

示教单元的操作是三菱工业机器人的基础部分，RT ToolBox2 仿真软件是三菱工业机器人的功能拓展部分。本任务的主要内容是示教器的操作与 RT ToolBox2 仿真软件的运用。通过本任务的学习，应掌握三菱工业机器人的示教单元操作，并且能熟练运用 RT ToolBox2 仿真软件进行离线编程及在线模拟。

知识储备

一、三菱工业机器人示教单元的操作

工业机器人示教器是一种人机交互设备，通过示教器可以操作工业机器人运动，完成示教编程，对系统参数进行修改设定和故障诊断等。

1. 三菱工业机器人示教器功能按键操作

三菱工业机器人示教器上常用的功能键如图 2-1 所示，每个功能键都有其特定位置和作用。

1——示教单元有效/无效按钮（ENABLE/DISABLE）。

2——紧急停止按钮（ENG. STOP）。

3——停止按钮：使工业机器人减速停止，如果按下启动按钮，可以继续运行。

4——显示屏：显示示教单元操作状态。

5——状态指示灯：显示示教单元及工业机器人状态。

6——F1、F2、F3、F4 键：执行功能显示部分的功能。

7——功能键 FUNCTION：进行菜单中各功能的切换。

8——伺服 SERVO 键：如果在握住有效开关的状态下按压此键，将进行工业机器人电源供给。

9——监视键 MONITOR：变为监视模式，显示监视菜单，再次按压，将返回至前一个画面。

10——执行键 EXE：确定输入操作。

11——出错复位按键 RESET：对发生中的错误进行解除。

12——有效开关：示教单元有效时，使工业机器人动作的情况下，在握住此开关的状态下操作有效。

2. JOG 操作

使用示教器以手动方式使工业机器人动作，在 JOG 操作中有三种模式，包括关节 JOG 操作、直交 JOG 操作、工具 JOG 操作，如图 2-2 所示。

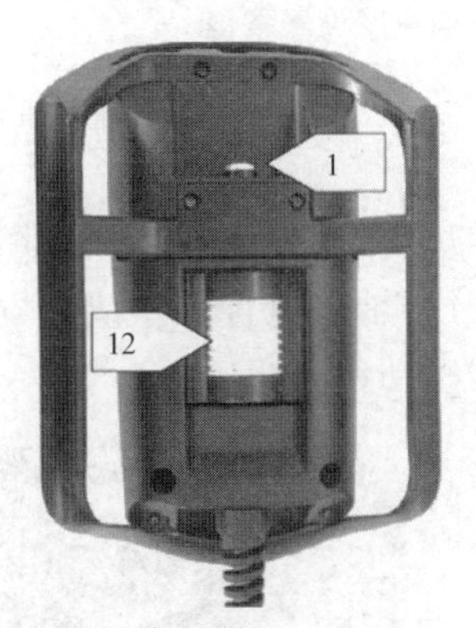

图 2-1　示教器功能按键位置图

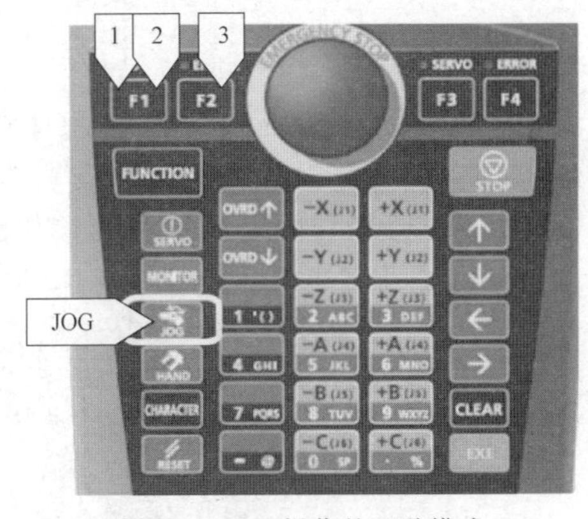

图 2-2　JOG 操作的三种模式

（1）关节 JOG 操作模式选择　按压 JOG 关节显示功能键，如图 2-3 所示，显示全部关节。

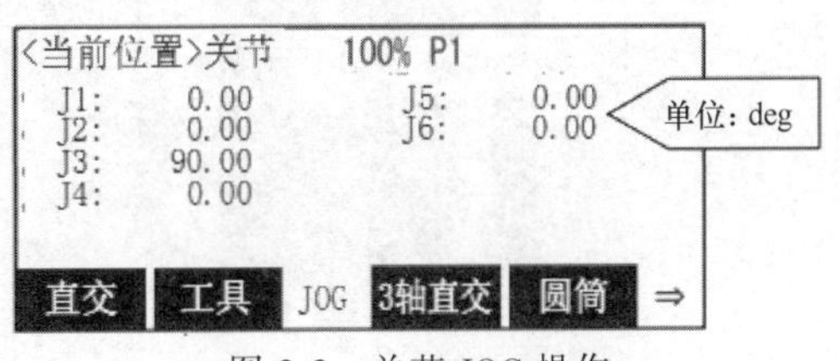

图 2-3　关节 JOG 操作

（2）直交 JOG 操作模式选择　按压 JOG 直交显示功能键，如图 2-4 所示，显示全部直交。机械手位移坐标（mm）与坐标转角（deg）的关系；在直交模式下既有位移（mm），也有转角（deg）的参数单位。

（3）工具 JOG 操作模式选择　按压 JOG 工具显示功能键，如图 2-5 所示，显示全部工

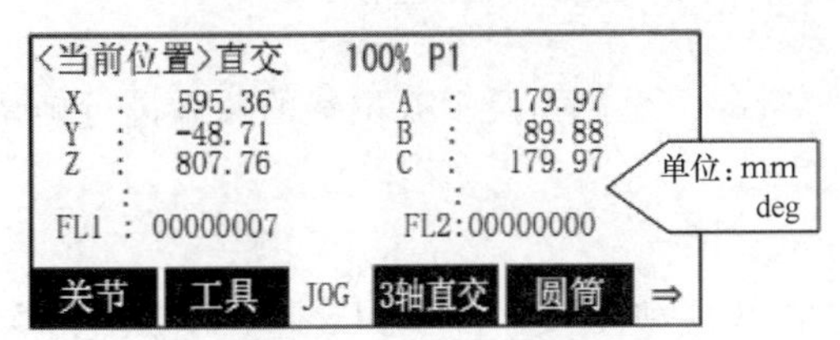

图 2-4　直交 JOG 操作

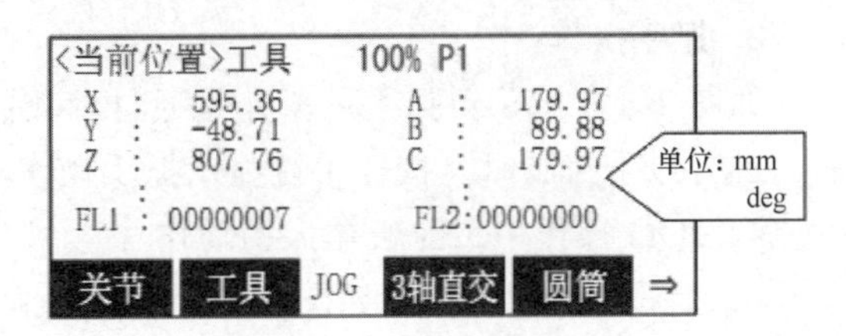

图 2-5　工具 JOG 操作

具。在工具模式下既有位移（mm），也有转角（deg）的参数单位。

（4）JOG 操作的速度设置　提高速度时，按“OVRD↑”键速度显示数值将变大；降低速度时，按“OVRD↓”键速度显示数值将变小，如图 2-6 所示。

Low	High	3%	5%	10%	30%	50%	70%	100%

←按“OVRD↓”键　　按“OVRD↑”键→

图 2-6　JOG 速度设置按键

注：速度可在 Low（低）~100%的范围内进行设置，每按一次移动轴方向键，工业机器人将进行一定量的移动。

（5）JOG 操作模式下的动作　如图 2-7 所示，握住位于示教器内侧的有效开关，按 SERVO 键，将伺服电源置于 ON，按 J1 键，J1 轴将执行（正或负方向）动作。其余各轴以此类推，进行此操作，可执行（正或负方向）动作。

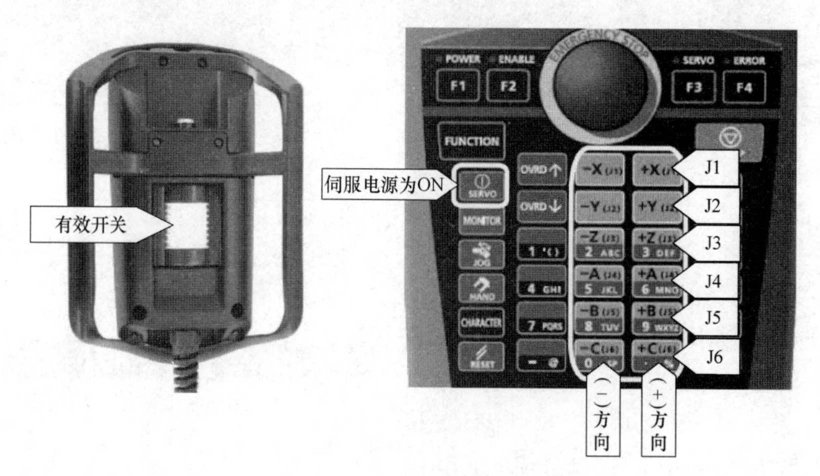

图 2-7　JOG 操作模式动作

3. 抓手操作

如图 2-8 所示，对抓手的操作是通过示教器进行的，对抓手及示教位置的关系进行确认后，进行抓手控制时，按抓手键显示抓手操作画面。

4. JOG 操作中工业机器人的动作

（1）关节 JOG 动作　如图 2-9 所示，选择关节 JOG 动作时，可对 J1、J2、J3、J4、J5、J6 关节轴进行操作。

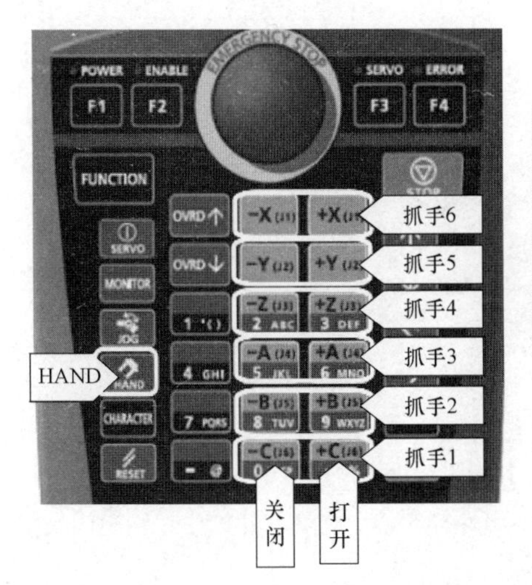

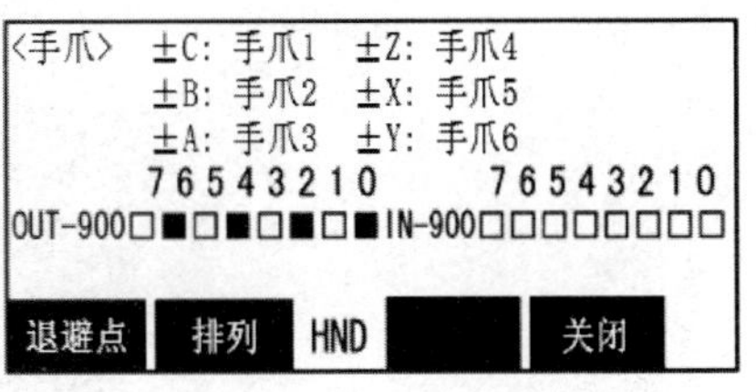

图 2-8　抓手的操作

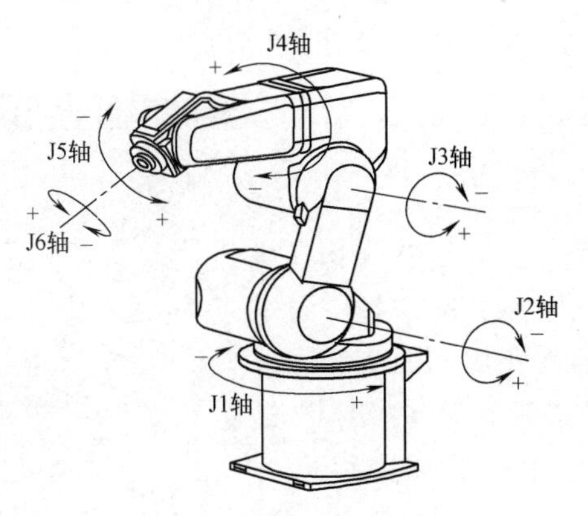

图 2-9　关节 JOG 动作

（2）直交 JOG 动作　如图 2-10 所示，选择直交 JOG 动作时，可对 X、Y、Z 轴及对应旋转轴进行操作。

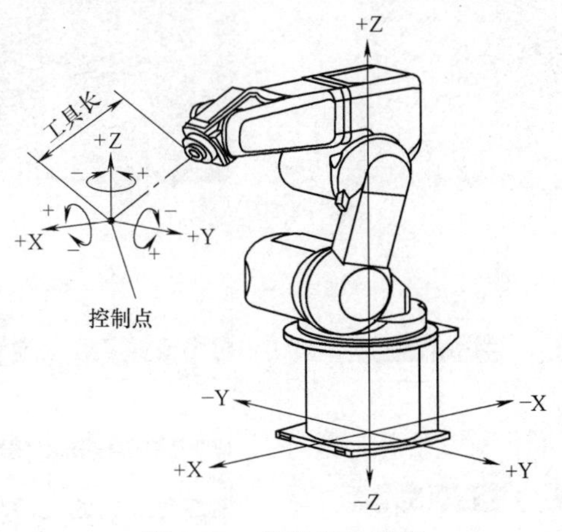

图 2-10　直交 JOG 动作

5. 三菱工业机器人示教单元操作

（1）显示菜单　将示教单元的有效/无效（ENABLE/DISABLE）开关置于有效，按某个键（例如EXE键），菜单画面如图2-11所示。

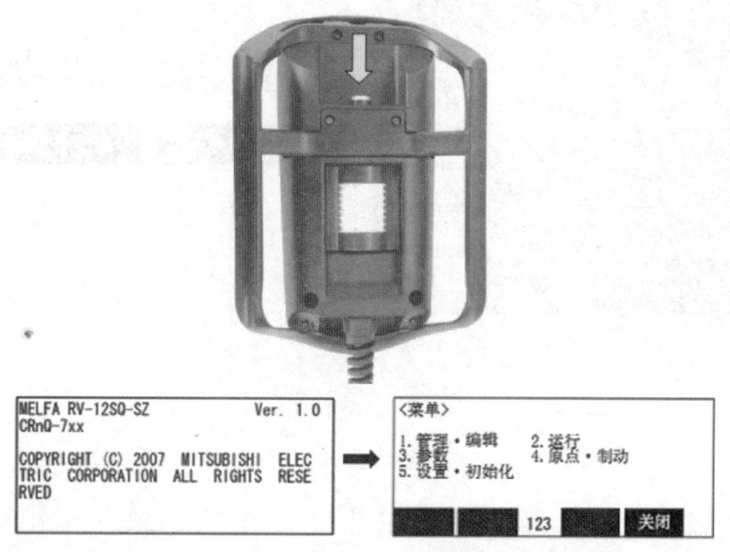

图2-11　菜单画面

（2）程序名　三菱工业机器人的程序由工业机器人语言和位置数据构成，程序名可由英文大写字母、数字组成，但不得超过12个字符。

（3）新建程序　新建程序步骤如图2-12所示。

1）将控制器的MODE旋钮置于MANUAL位置。

2）将示教器的开关置于ENABLE位置。

3）按EXE键。

4）显示菜单画面。

5）按数字键1、0，创建程序编号，再按EXE键。

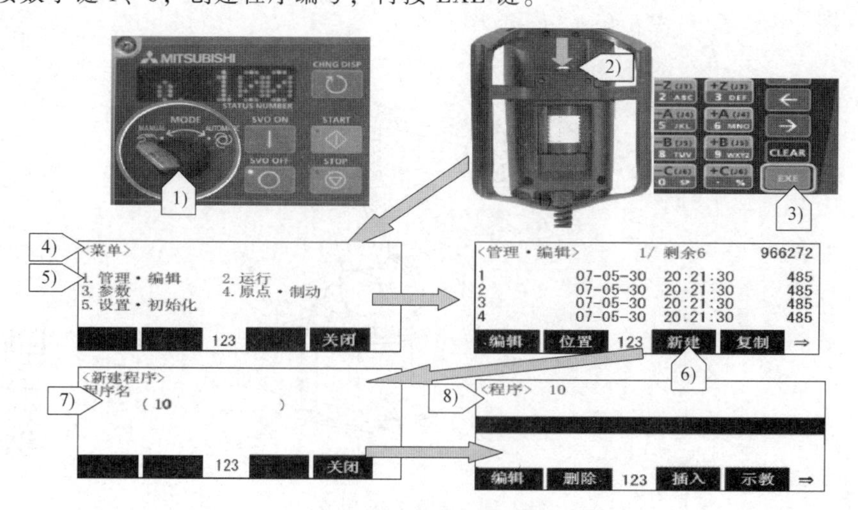

图2-12　程序新建画面

6）例如要创建新的程序编号 10，创建程序编号后，按 EXE 键。

7）显示程序编号 10 的编辑画面。

8）在该编辑画面中输入程序命令。

（4）程序编辑　例如要编辑下列三个单步程序。

1. MOV P1

2. MOV P2

3. End

具体步骤如下：

1）在指令编辑画面按“插入”功能键［F3］，如图 2-13 所示。

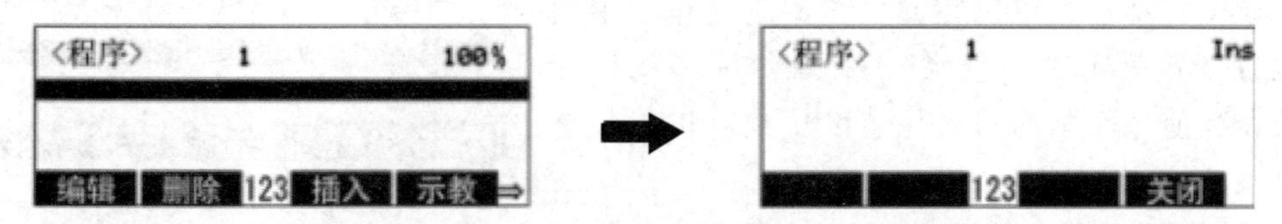

图 2-13　单步插入画面

2）输入步号“1”。

按 CHARACTER 键，在数字模式下输入“1”，如图 2-14 所示。

图 2-14　步号输入画面

3）输入指令“MOV”。

按 CHARACTER 键，在文字模式下输入指令“MOV”，如图 2-15 所示。

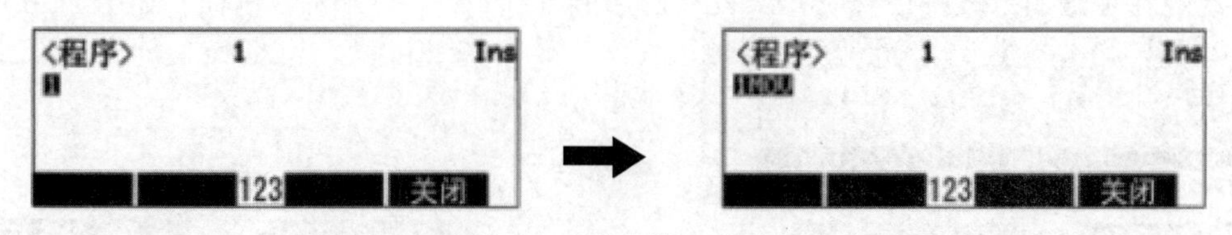

图 2-15　指令输入画面

4）输入附带指令“P1”。

按 CHARACTER 键，在文字模式下输入“P”，在数字模式下输入“1”，如图 2-16 所示。

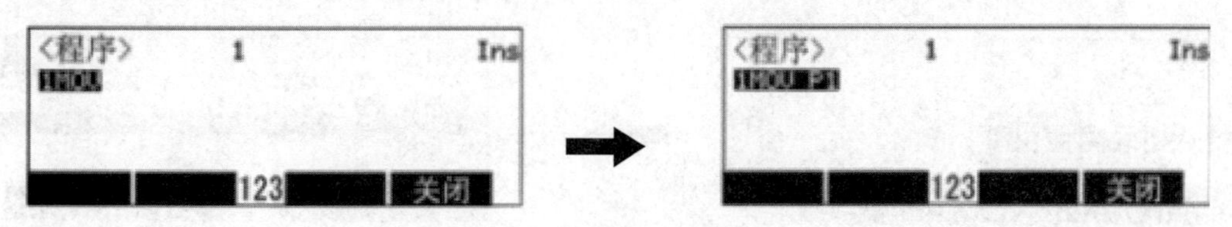

图 2-16　附带指令输入画面

5）“1. MOV P1” 程序段输入完成后，按 EXE 键，如图 2-17 所示。

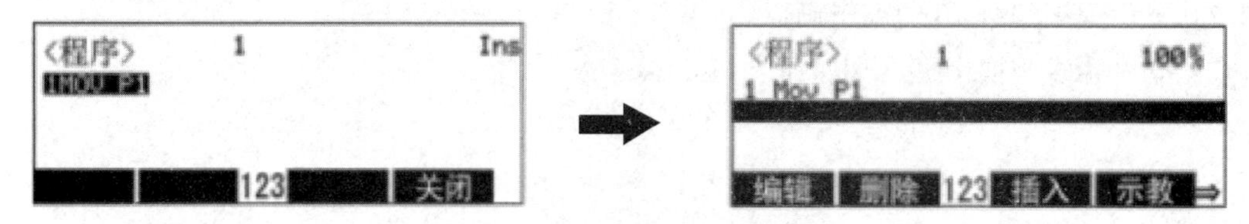

图 2-17　程序段输入完成画面

6）按上述方法输入剩余程序段，完成后按 EXE 键，如图 2-18 所示。

（5）位置的示教　使用 JOG 操作等将工业机器人向作业位置移动，可以在此位置用正在程序中使用的位置变量做示教（登录）。在示教完毕的情况下，可在当前操作画面写入位置变量或者进行位置变量修改。

图 2-18　程序输入完成画面

1）在有指令编辑画面下的示教。呼叫出示教变量使用的单步，图 2-19 所示为将单步 5 “Mvs P5” 的位置变量示教为 P5 的现在位置的操作步骤，需预先使用 JOG 操作将工业机器人移到作业位置。

① 呼叫出单步 5。按 “跳转” 功能键，在显示的步号输入画面按 ［5］→［EXE］ 键，光标移到单步 5，使用 ［↑］ 和 ［↓］ 键，使光标复合单步 5，可呼叫出单步 5。

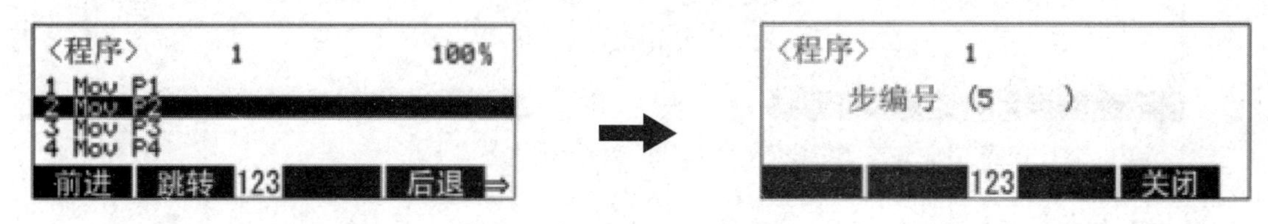

图 2-19　呼叫出单步画面

② 现在位置的示教。按对应 “示教” 的功能键 ［F4］，显示确认画面，如图 2-20 所示。

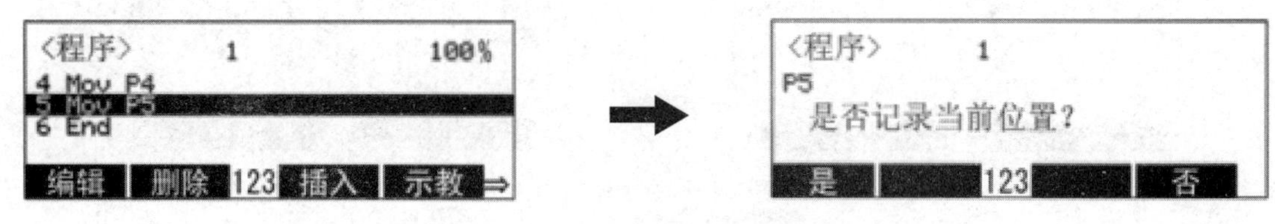

图 2-20　位置的示教画面

③ 按对应 “是” 的功能键。工业机器人的现在位置示教为 P5，回到原来指令的画面，按对应 “否” 的功能键 ［F1］，可以终止示教，如图 2-21 所示。

图 2-21　返回编辑画面

2）在位置编辑画面下的示教。下面为将现在位置示教到位置变量“P5”的操作步骤。预先已使用 JOG 操作将工业机器人移动到作业位置。

① 位置编辑画面的表示。在位置编辑画面按对应“切换”的功能键［F2］，显示编辑画面，如图 2-22 所示。

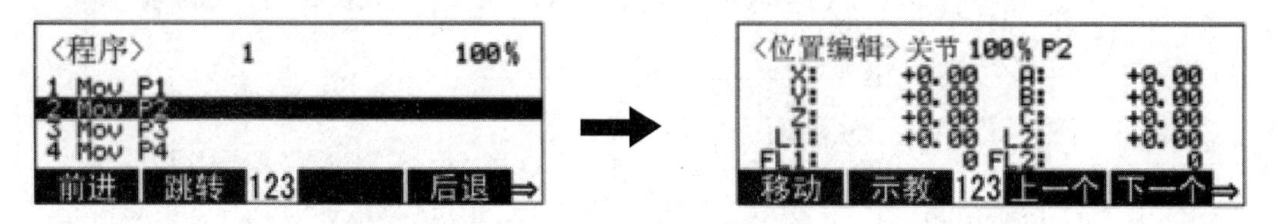

图 2-22　按“切换”键后的画面

② 呼叫出“P5”。按对应“上一个”“下一个”的功能键［F3］［F4］，呼叫出“P5”，如图 2-23 所示。

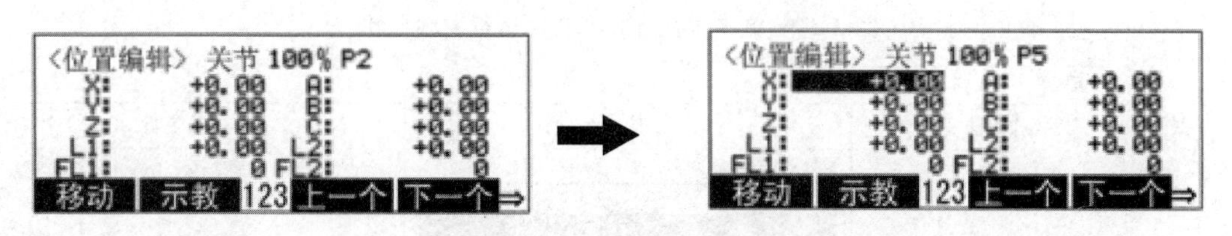

图 2-23　呼叫出“P5”画面

③ 现在位置的示教。按对应“示教”的功能键［F2］，显示编辑画面，如图 2-24 所示。

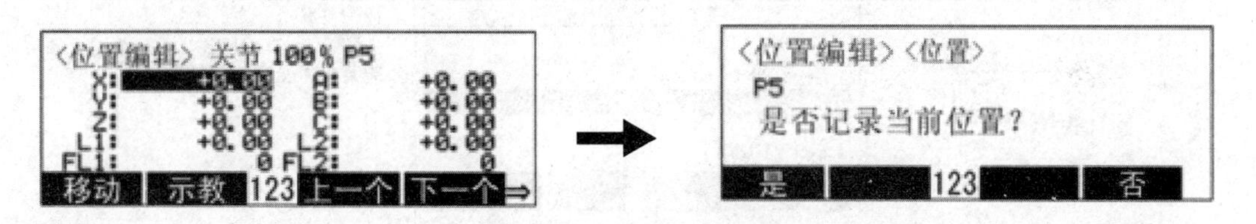

图 2-24　现在位置编辑画面

④ 按对应“是”的功能键，显示工业机器人的现在位置数据为“P5”，如图 2-25 所示。

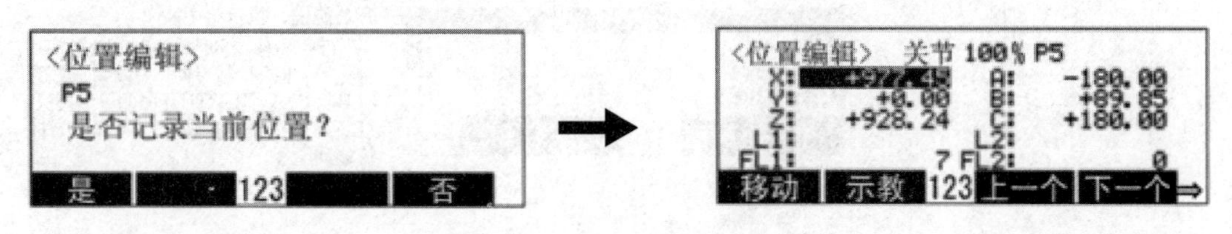

图 2-25　现在位置数据画面

（6）运行方式的选择　三菱工业机器人的程序运行方式有单步运行方式和自动运行方式，其操作如图 2-26 所示。

1）单步运行方式。单步运行方式一般用于试运行状态，对程序逻辑、示教位置及动作进行检验，如图 2-27 所示。

步骤	操作方法	T/B的画面	操作方法说明
1	控制器(O/P) 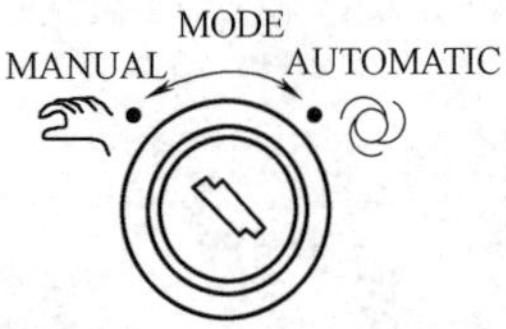 MODE MANUAL AUTOMATIC	<标题画面> MELFA RV-12SQ-SZ Ver. 1.0 CRnQ-7xx COPYRIGHT (C) 2007 MITSUBISHI ELEC TRIC CORPORATION ALL RIGHTS RESE RVED	1)单步运行方式(MODE)开关置于MANUAL 2)自动运行方式(MODE)开关置于AUTOMATIC
2	示教单元(T/B) 上：无效 下：有效(指示灯亮) 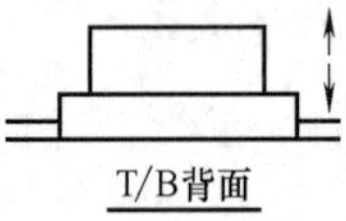 T/B背面	<标题画面> MELFA RV-12SQ-SZ Ver. 1.0 CRnQ-7xx COPYRIGHT (C) 2007 MITSUBISHI ELEC TRIC CORPORATION ALL RIGHTS RESE RVED	1)单步运行方式时示教单元(T/B)有效，指示灯亮 2) 自动运行方式时示教单元(T/B)无效，指示灯熄灭

图 2-26 单步运行方式和自动运行方式操作

步骤	操作方法	T/B的画面	操作方法说明
1		<命令编辑画面> <程序> 1 1 Ovrd 80 2 Hopen 1 3 Mov P1 4 Mov P10+P2 编辑 删除 123 插入 示教 ⇒	打开程序的命令编辑画面
2	 FUNCTION	<程序> 1 1 Ovrd 80 2 Hopen 1 3 Mov P1 4 Mov P10+P2 FWD JUMP 123 BWD ⇒	按[FUNCTION]键，在画面下方的功能菜单中显示[FWD][BWD]
3	伺服ON  F1 (FWD)	<程序> 1 1 Ovrd 80 2 Hopen 1 3 Mov P1 4 Mov P10+P2 FWD JUMP 123 BWD ⇒	在轻握示教单元(T/B)背面的有效开关的同时，按[SERVO]键，伺服置于ON 如果按[F1](FWD)，只有在持续按压期间执行有光标的步；如果在中途松开功能键，执行将中断 执行中操作盘的[START]开关的LED将亮。1步执行结束时[START]开关的LED将熄灯，[STOP]开关的LED将亮灯。如果松开按键则(T/B)画面的光标将移动至下一个步 *对于Ovrd(手工变动)，为了安全起见，应预先进行较为迟缓的设置

图 2-27 单步运行方式

2）自动运行方式。自动运行方式一般是在程序逻辑、示教位置及动作正确无误的情况下运行，通常是在单步运行方式运行检验后进行，如图 2-28 所示。

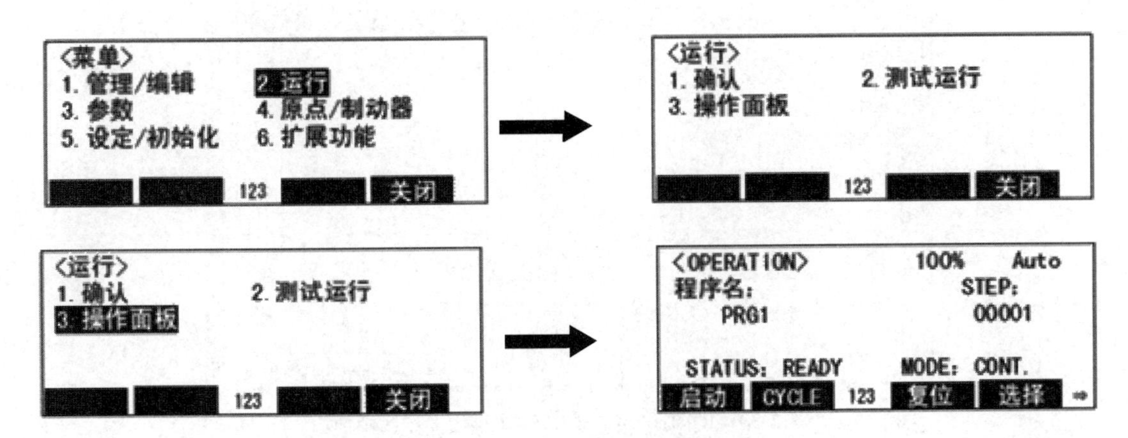

图 2-28　自动运行方式

二、RT ToolBox2 仿真软件操作

RT ToolBox2 是专用于三菱工业机器人的一款仿真软件，具有离线编程、在线模拟运行、程序编辑修改、系统参数修改及备份等功能。其具体使用步骤如下：

1. 新建工作区

在计算机桌面上双击图标进入 RT ToolBox2 仿真软件，可通过工具栏新建工作区。如新建“09”作为工作区名和标题名，具体操作步骤如下：

1）进入 RT ToolBox2 仿真软件操作界面，在工作区单击，将显示图 2-29 所示画面。

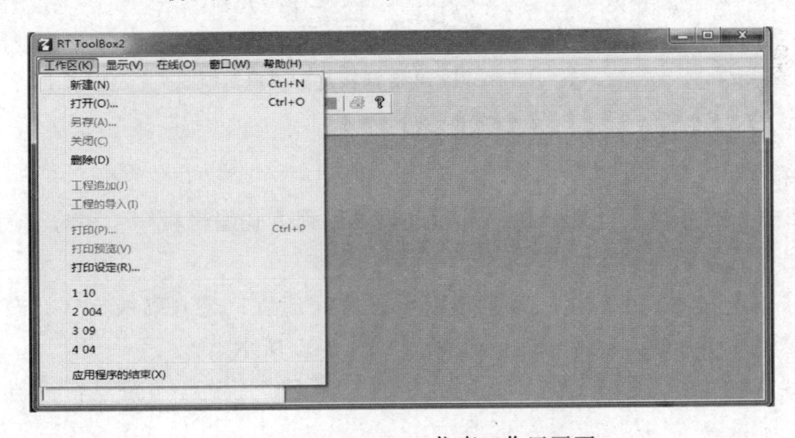

图 2-29　RT ToolBox2 仿真工作区画面

2）在工具栏中单击“工作区”→“新建”按钮，新建工作区。在工作区名和标题中输入数字 09，如图 2-30 所示。

2. 工程编辑

设置工作区名称和标题完成后，会显示工程编辑画面。在工程编辑中设定工程名，选择控制器型号为 CRnD-7xx/CR75-D，通信设定为 USB，机种名为 RV-6SD，机器人语言选择 MELFA-BASIC V，选择完成后单击“ok”按钮，工程编辑设定完成，如图 2-31 所示。

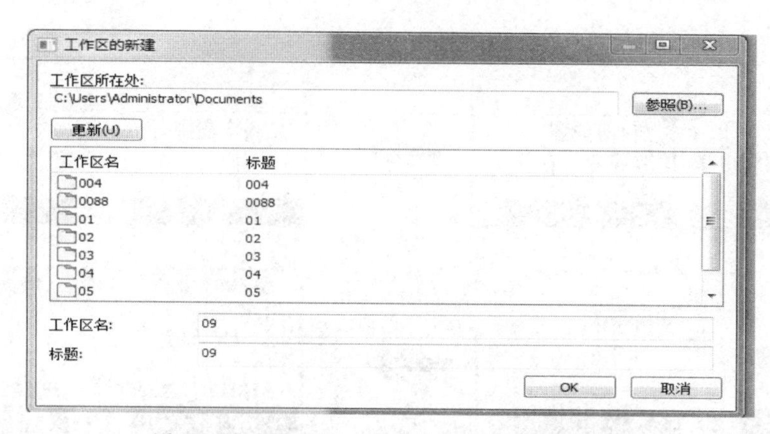

图 2-30　RT ToolBox2 仿真软件新建工作区画面

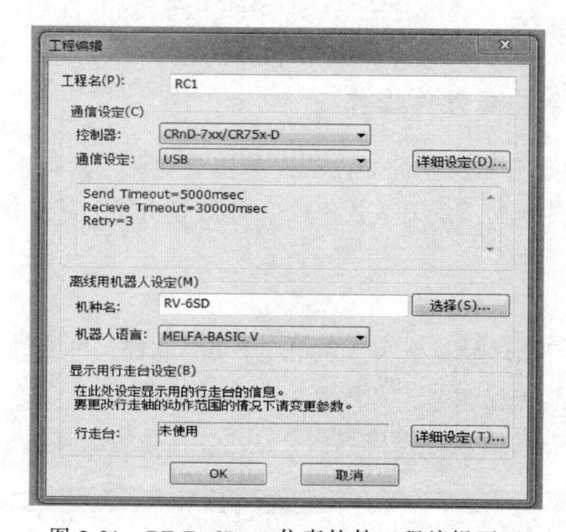

图 2-31　RT ToolBox2 仿真软件工程编辑画面

注：选择控制器时要根据当前所使用的控制器型号而定。

3. 离线编程

在工业机器人程序量大且复杂时，可通过离线编程方式编辑程序，相对于用示教器手动编程，离线编程更方便和快捷。

（1）程序编辑管理　在工作区和工程编辑设置完成后，进入离线方式，在程序管理画面有新建、程序管理、程序转换功能可选择，如图 2-32 所示。

（2）新建程序　进入程序管理画面后，选择“新建”，弹出“新建新机器人程序”对话框，输入程序名为“10”，如图 2-33 所示。

（3）程序编辑　在离线方式中新建程序后，可在程序编辑界面编写程序，如图 2-34 所示。

（4）程序传输　在离线方式中完成程序编写后，单击“保存”，然后单击选中程序，将其拖到“在线方式”的“程序”中，再松开鼠标左键完成程序传输，如图 2-35 所示。

4. 在线模拟运行

通过在线模拟运行可以检验程序逻辑、示教位置及动作是否正确，程序语法是否有误以及运行姿态是否存在奇异点，具体步骤如下：

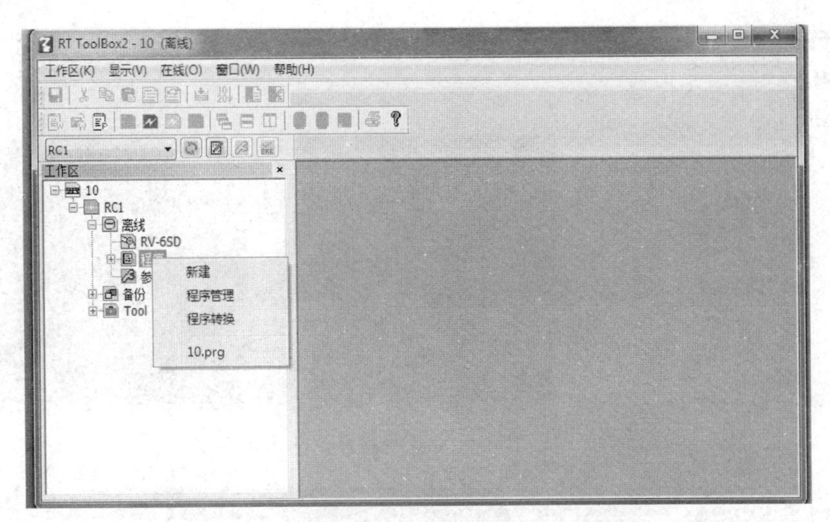

图 2-32　RT ToolBox2 仿真软件程序管理画面

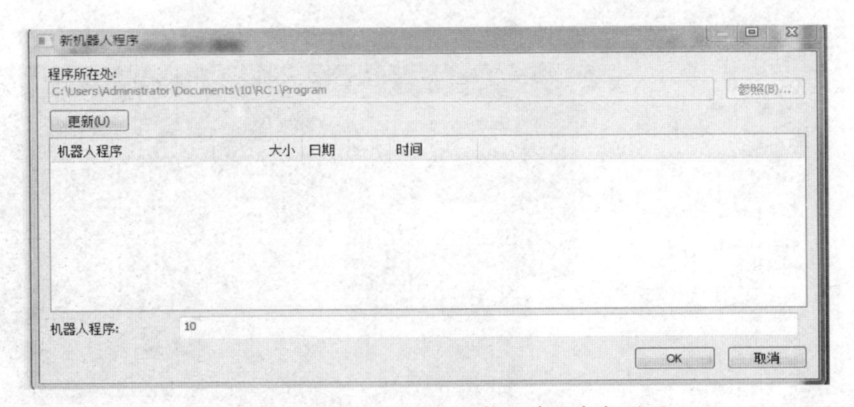

图 2-33　RT ToolBox2 仿真软件新建程序名画面

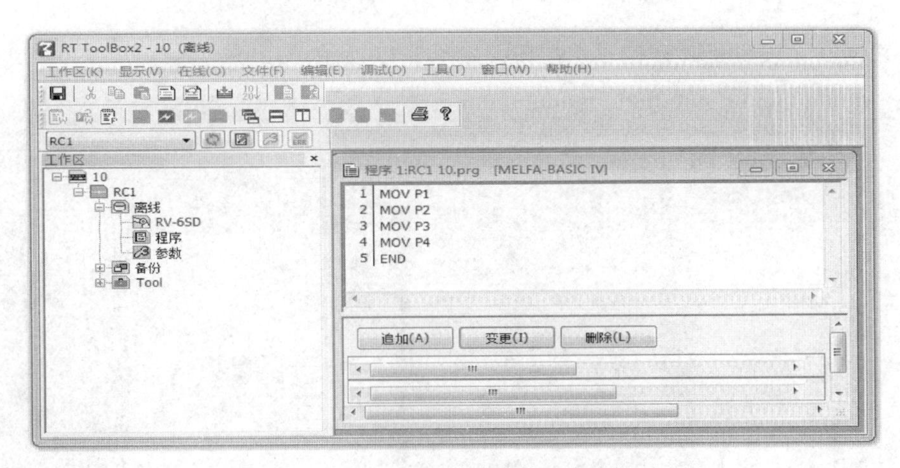

图 2-34　RT ToolBox2 仿真软件程序编辑画面

1）在工具栏选择“模拟”进入在线方式，选择“程序”→“调试状态下打开”，打开程序，如图 2-36 所示。

2）在调试状态用鼠标双击要示教的 P 位置点，显示“位置数据的编辑”对话框，单击

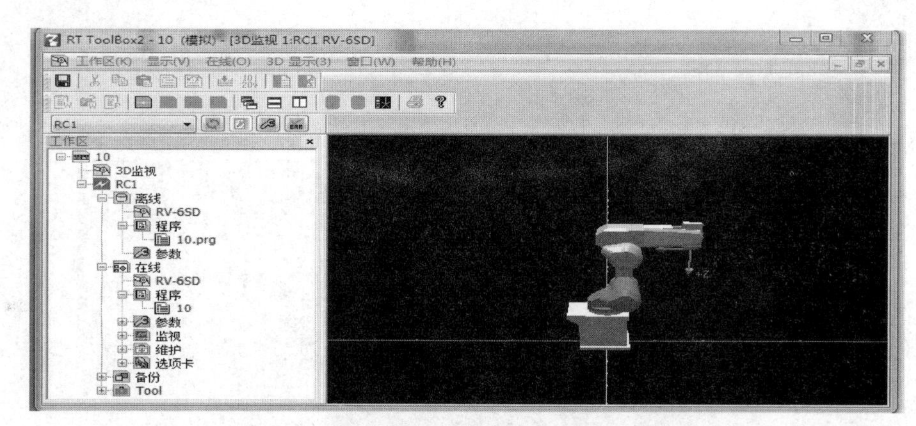

图 2-35　RT ToolBox2 仿真软件在线模拟画面

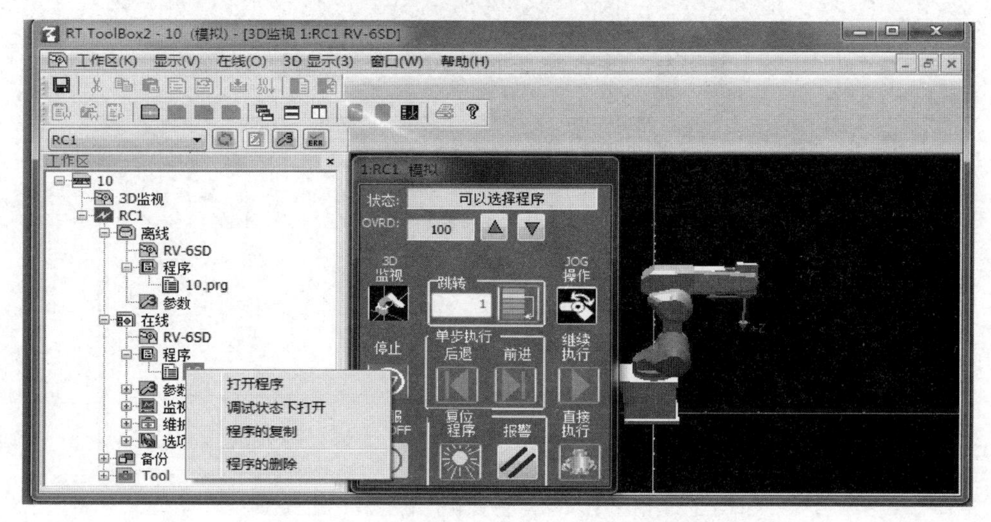

图 2-36　RT ToolBox2 仿真软件调试状态画面

“当前位置读取”按钮获取 P 位置点数据，如图 2-37 所示。

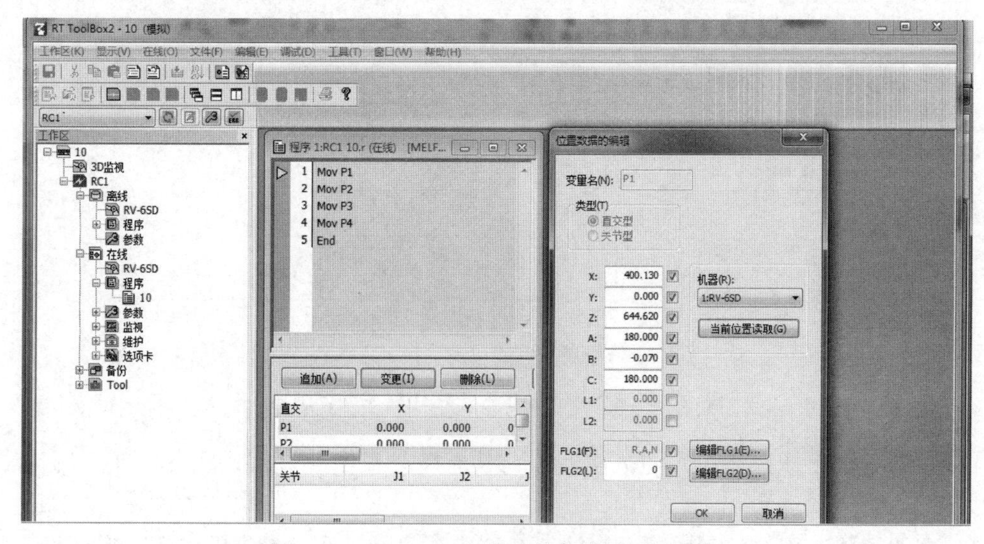

图 2-37　RT ToolBox2 仿真软件模拟示教画面

3）在模拟运行方式的“在线”中选择“调试状态下打开”，单击直接执行按钮，就可以进行在线模拟，即可检验程序和工业机器人运行姿态，如图 2-38 所示。

图 2-38 RT ToolBox2 仿真软件模拟运行画面

任务实施

一、任务准备

实施本任务教学所使用的实训设备及工具材料可参考表 2-1。

表 2-1 实训设备及工具材料

序号	分类	名称	型号/规格	数量	单位	备注
1	设备	计算机/仿真软件	RT ToolBox2 仿真软件	1	台	模拟仿真
2	设备器材	工业机器人本体	MITSUBISHI 型号自定	1	台	
3		工业机器人示教器		1	个	
4		工业机器人控制器	MITSUBISHI 型号自定	1	台	

二、示教单元操作练习

用表 2-2 中的程序进行输入练习，程序 1 为手动运行方式，程序 2 为自动运行方式，输入完成后对各位置点进行示教，用 RT ToolBox2 仿真软件检验程序逻辑、示教位置及动作的正确性。

表 2-2 手动运行程序与自动运行程序

序号	程序内容	序号	程序内容
1	1(程序名)	1	2(程序名)
2	Mov P1	2	Servo On：工业机器人上电
3	Mov P2	3	Wait M_Svo=1 等待伺服电气上电
4	Mov P3	4	Spd 20000 ；指定速度(mm/s)
5	Mov P4	5	Mov P1
6	Mov P5	6	Mvs P2
7	Mov P6	7	Mvs P3
8	END(程序结束语)	8	END(程序结束语)

任务测评

对任务实施的完成情况进行检查，并将结果填入表2-3中。

表2-3 任务测评表

序号	主要内容	考核要求	评分标准	配分	扣分	得分
1	示教器面板操作	正确描述示教器的各个按键的位置及作用	1)描述示教器各个功能按键所在位置,如有错误或遗漏,每处扣5分 2)描述示教器各个功能按键的作用,如有错误或遗漏,每处扣5分	10		
2	示教单元板操作	1)能正确编辑及输入程序 2)能正确示教位置点 3)能正确使用JOG操作	1)正确进入程序编辑画面,如有错误或遗漏,每处扣5分 2)正确示教位置,如有错误或遗漏,每处扣5分 3)正确使用JOG关节、直交、工具操作,如有错误或遗漏,每处扣5分	30		
3	仿真操作	1)能正确在仿真软件中建立工作区 2)能正确在仿真软件中进行工程设定 3)能正确在仿真软件中进行在线模拟	1)正确建立工作区,步骤错误,每处扣5分 2)正确设定工程,参数设定错误,每处扣5分 3)正确进行在线模拟,步骤错误,每处扣5分	30		
4	运行方式选择	1)能正确选择手动运行方式 2)能正确选择自动运行方式	1)在手动运行方式操作过程中,如有错误或遗漏,每处扣5分 2)在自动运行方式操作过程中,如有错误或遗漏,每处扣5分	20		
5	安全文明生产	劳动保护用品穿戴整齐;遵守操作规程;讲文明礼貌;操作结束要清理现场	1)操作中,如有违反安全文明生产考核要求的任何一项,扣5分,扣完为止 2)当发现有重大事故隐患时,要立即制止学生,每次都要扣安全文明生产总分(5分)	10		
合计				100		
开始时间:			结束时间:			

课后习题

一、填空题

1. 工业机器人示教器是____________设备，通过示教器可以操作工业机器人运动，完____________，对系统参数进行____________和____________等。

2. 使用示教器以手动方式使工业机器人动作，在JOG操作中有____________、____________、____________三种模式。

3. 三菱工业机器人的示教方式有在有__________下的示教和在__________下的示教。

4. 工业机器人的程序运行方式有____________和____________两种，____________一

般用于试运行，对程序逻辑、示教位置及动作进行检验。

5. RT ToolBox2 是专用于三菱工业机器人的一款仿真软件，具有__________、__________、__________、__________等功能。

二、选择题

1. 在示教器操作过程中，如出现了出错报警信息，按（　　）键，可对发生中的错误进行解除。

①RESET　　②FUNCTION　　③SERVO　　④MONITOR

A. ①　　B. ②　　C. ③　　D. ④

2. 三菱工业机器人的程序运行方式有单步运行方式和自动运行方式，选择单步运行方式时 MODE 开关置于（　　），选择自动运行方式时 MODE 开关置于（　　）。

①AUTOMATIC　　②MONITOR

③MANUAL　　④SERVO

A. ①　　B. ④　　C. ③　　D. ②

3. 进入 RT ToolBox2 仿真软件程序管理画面后，可选择（　　）功能。

①新建　　②程序管理　　③程序下载

④程序转换　　⑤程序修复　　⑥程序上传

A. ①②⑤　　B. ①②③④　　C. ①②③　　D. ①②③⑥

三、操作练习题

1. 把表 2-2 中的程序内容，在 RT ToolBox2 仿真软件离线编程模式下完成，用在线模拟模式检验程序和工业机器人运行姿态。

2. 把表 2-2 中的程序内容，用手动输入方式在示教器程序编辑画面完成，通过示教器进入“P”位置点示教，在检验程序正确后分别用单步、自动运行方式运行程序。

任务二　三菱工业机器人编程与操作

学习目标

知识目标：能够正确掌握三菱工业机器人常用编程指令的格式及含义。

能力目标：能够正确运用三菱工业机器人常用编程指令。

工作任务

通过本任务的学习，能够正确掌握三菱工业机器人的编程与操作，正确运用三菱工业机器人常用动作控制指令进行编程，按照图 2-39 所示图形编写出描绘程序，具体控制要求如下：

1）编写工业机器人描绘程序。

2）在工业机器人末端执行器安装绘图笔，用绘图笔描绘图形。

3）采用单步运行方式运行绘图程序。

4）采用自动运行方式运行绘图程序。

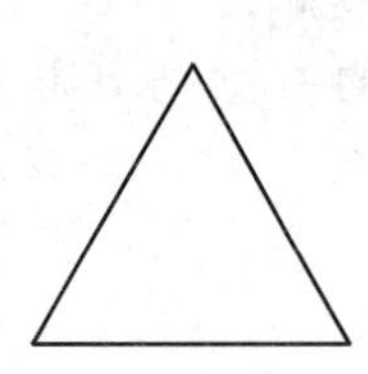
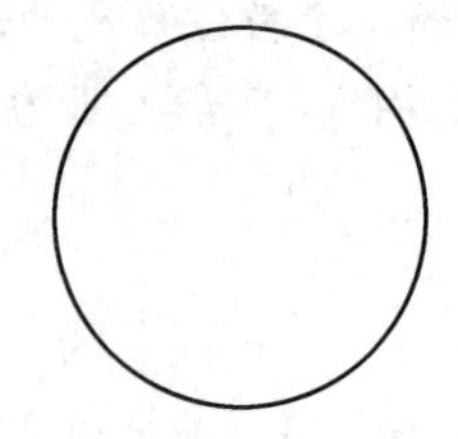

图 2-39　工业机器人描绘图

知识储备

一、常用动作控制指令

1. 动作控制插补指令 Mov

该指令通过关节插补动作进行移动，直至到达目标位置点，移动方式为平缓曲线移动。

（1）指令格式　Mov P

（2）含义

1）Mov：关节插补。

2）P：示教位置点。

（3）程序实例

```
Mov P1            （开始点）
Mov P2            （目标位置点）
END
```

关节插补运动轨迹如图 2-40 所示。

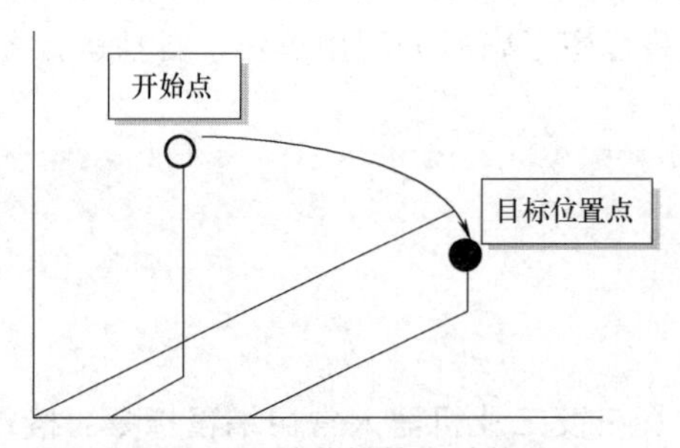

图 2-40　关节插补运动轨迹

（4）应用　工业机器人以最快捷的方式运动至目标位置点，其运动状态不完全可控，但运动路径保持唯一性，常用于大范围空间移动。

2. 动作控制插补指令 Mvs

该指令通过直线插补动作进行移动，直至到达目标位置点，移动方式为线性移动。

（1）指令格式　Mvs P

（2）含义

1）Mvs：直交插补。

2）P：示教位置点。

（3）程序实例

Mvs P1 （开始点）

Mvs P2 （目标位置点）

END

直线插补运动轨迹如图 2-41 所示。

（4）应用 工业机器人以线性方式运动至目标位置点，开始点与目标位置点两点确定一条直线，运动状态可控，运动路径保持唯一性，但易出现奇异点，常用于空间狭窄、动作要求精确的线性移动。

3. 动作控制插补指令 Mvr

圆弧运动指令也称为圆弧插补运动指令。三点确定一段圆弧，因此圆弧运动需要示教三个圆弧运动点，如图 2-42 所示。

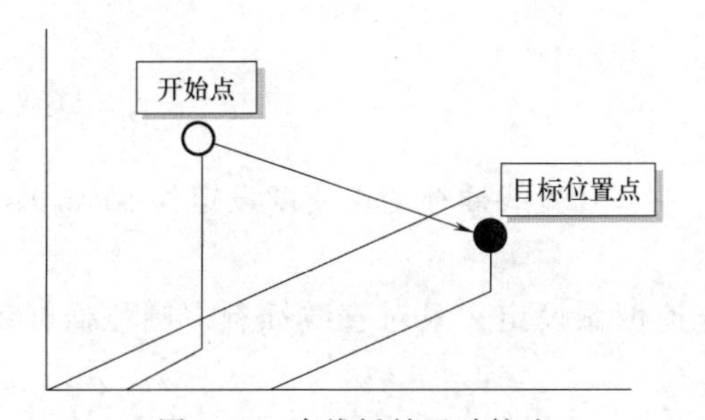

图 2-41 直线插补运动轨迹

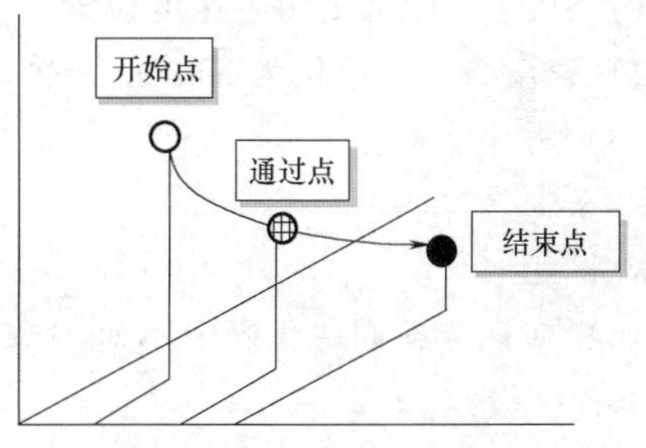

图 2-42 圆弧插补运动轨迹

（1）指令格式 Mvr P

（2）含义

1）Mvr：圆弧插补。

2）P 示教位置点。

（3）程序实例

Mvr P1,P2,P3 （P1 是开始点，P2 是通过点，P3 是结束点）

END

（4）应用 工业机器人通过中心点以圆弧移动方式运动至结束点，开始点、通过点、目标点三点确定一段圆弧，运动状态可控，运动路径保持唯一性，常用于需要做圆弧移动的工况。

4. 动作控制速度指令 Cnt

该指令通过示教点时有两种形式，其一是动作连续不停顿，其二是动作停顿不连续，图 2-43 所示为 Cnt 1 动作连续运动轨迹。

（1）指令格式 Cnt 0；Cnt 1

（2）含义

1）Cnt 0：动作连续无效

2）Cnt 1：动作连续有效

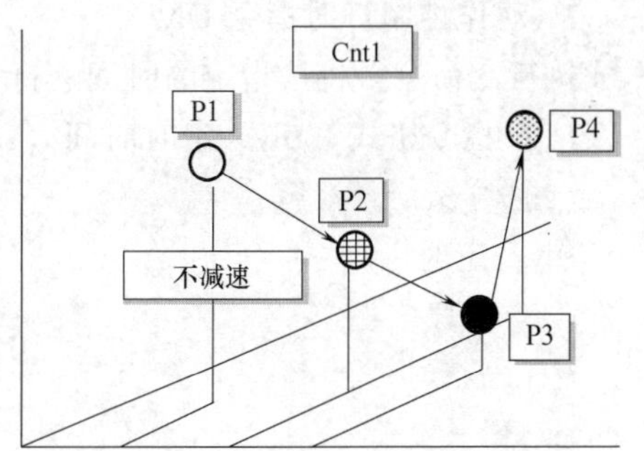

图 2-43 Cnt 1 动作连续运动轨迹

（3）程序实例

Mov P1

Cnt 0　　（动作连续无效）

Mvs P2

Cnt 1　　（动作连续有效）

（4）应用　通过示教位置点时如需要动作连续不停顿，启用 Cnt 1 指令；通过示教位置点时如需要动作停顿，启用 Cnt 0 指令。

5. 动作控制速度指令 SPd

该命令用于对直线插补、圆弧插补动作时的速度进行设定，设置单位为 mm/s（每秒移动的距离）。

（1）指令格式　SPd　速度数值

（2）含义

1）SPd：Mvs Mvr 指令速度设置。

2）速度数值：单位为 mm/s。

（3）程序实例

SPd 30　　（直线插补动作速度设定为 30mm/s）

Mvs P2

（4）应用　在同一程序中不对关节插补动作速度做设定，只对直线插补、圆弧插补动作时的速度设定。

6. 动作控制指令 Hopen、HClose

该命令用于控制工业机器人末端执行器（如抓手）张开、闭合控制动作。

（1）指令格式　Hopen　抓手编号；Hclose　抓手编号

（2）含义

1）Hopen：抓手张开。

2）Hclose：抓手闭合。

（3）程序实例

Hopen 1　　（1 号抓手张开）

Hclose 2　　（2 号抓手闭合）

（4）应用　如发现抓手张开、闭合控制动作相反，可根据实际情况对外接气源或者 I/O 信号进行调整。

7. 动作控制订时指令 Dly

执行此命令，将按指定的时间进行等待后，转移至下一行执行命令。

（1）指令格式　Dly　定时时间（s）

（2）含义

Dly：定时。

（3）程序实例

Hclose 2　　（2 号抓手闭合）

Dly 1　　（定时 1s）

（4）应用　除动作定时外，在有附随指令（Wth、Wthif）执行此命令时，输入或者输出信号将按指定的时间进行等待后，转移至下一行执行命令。

二、常用程序控制指令

常用程序控制指令用于对程序滚动的控制，可以控制分支、插入、定时器、呼叫子程序、停止程序等程序的流动。

1. 无条件分支

无条件地将程序向指定行流动，或向条件判断后的分支流动。

（1）指令格式　GOTO

（2）含义

GOTO：在指定标签无条件跳转。

（3）程序实例

GOTO ＊FIN　　（无条件跳转到 FIN 标准行）

（4）应用　在执行此命令时，程序可以无条件地跳转到标准行或者分支。

2. 条件分支

有条件地将程序向指定行流动，或向条件判断后的分支流动。

（1）条件分支，在一行的记述

1）指令格式：IF Then/IF Then Else。

2）含义：

IF Then：对应指定条件成立的情况下执行 Then 后面的记述。

IF Then Else：对应指定条件不成立的情况下，执行 Else 后面的记述。

3）程序实例：

IF M1＝1 Then ＊L100

（数字变量 M1 为 1 时，向标准分支 L100 跳转，如不是，向下一行程序运行）

IF M1＝1 Then ＊L100 Else ＊L200

（数字变量 M1 为 1 时，向标准分支 L100 跳转；如不是，向标准分支 L200 跳转）

4）应用。对应指定条件执行，值的条件可任意指定。条件成立的情况下执行 Then 后面的记述，条件不成立的情况下，执行 Else 后面的记述。

（2）条件分支，在复数行的记述

1）指令格式：IF Then，Endif/IF Then Else，Endif

2）含义：

IF Then，Endif：对应指定变量及值的条件成立的情况下，进行复数行处理，值的条件可以任意指定，执行 Then 后面的记述，直到 Endif 为止。

IF Then Else，Endif：对应指定变量及值的条件不成立的情况下，执行 Else 后面的记述，直到 Endif 为止。

3）程序实例：

① IF M1＝1 Then　　（数变量 M1 为 1 时，执行 M2＝1，M3＝2）

M2＝1

M3＝2

Endif

② IF M1=1 Then　　　　　　　　　　　（数变量 M1 不为 1 时，执行 M2=-1，M3=-2）

M2=1

M3=2

Else

M2=-1

M3=-2

Endif

4）应用。对应指定变量及其值的指定条件进行复数处理，值的条件可任意指定。每个指令 1 个种类，条件成立的情况下，执行成立的情况下 Then 后面的记述，条件不成立的情况下，执行 Then 的下一行开始到 Else 为止的行；条件不成立的情况下，执行成立的情况下 Then 后面的记述，条件不成立的情况下，执行 Else 的下一行开始到 Endif 为止的行。

三、常用循环指令

可对应指定条件重复执行复数的指令。

（1）For，Next 循环

1）指令格式：For，Next

2）含义：将 For 文和 Next 文之间，重复执行到满足指定条件。

3）程序实例：

① For M1=1 TO 10

（For 文和 Next 文之间重复 10 次数值变量 M1=1，最初代入 1，每次重复加 1）

…

Next

② For M1=0 TO 10 Step 2

（For 文和 Next 文之间重复 10 次数值变量 M1=1 最初代入 0，每次重复加 2）

…

Next

4）应用。可对应指定条件重复执行复数的指令，常用于数值变量需要递增或者递减循环条件。

（2）While、WEnd 循环

1）指令格式：While，WEnd

2）含义：将 While 文和 WEnd 文之间，重复执行到满足指定条件。

3）程序实例：

① While (M1>=1)　　（数值变量 M1，为 1 以上时重复执行 While 文和 WEnd 文之间）

…

WEnd

② While (M1>=1) And (M1<10)

（数值变量 M1，为 1 以上小于 10 时，重复执行 While 文和 WEnd 文之间）

…

WEnd

4）应用。常用于数值变量或者输入、输出信号值满足一定条件下，重复执行到满足指定条件。

四、常用子程序调用指令

子程序用于程序间的互相调用，在一段程序的中间，可以设置并执行另外的一段程序，然后再回来继续执行本段程序后边的部分，这另外的一段程序就是这一程序的子程序。

（1）子程序命令 Callp

1）指令格式：Callp

2）含义：调用指定的程序并执行，也可以对调用前的程序中的变量进行引用。

3）程序实例：

当前使用程序

```
1 Servo On(工业机器人上电)
2 Wait M_ Svo=1(等待伺服电气上电)
3 OAdl On(指定最佳加减速度)
4 Accel 100,100(指定加减速度)
5 Spd 20000(指定速度 mm/s)
6 HOpen 1(打开抓手 1)
7 HOpen 2(打开抓手 2)
8 Mov P1
9 Mov P2
10 Mov P3
11 CallP ″2″  （调取″2″程序运行）
12 Mov P1
13 End
```

被调用程序″2″

```
1 Servo On
2 Wait M_ Svo=1
3 OAdl On
4 Accel 100,100
5 Spd 20000
6 HOpen 1
7 HOpen 2
8 Mov P5
9 Mov P6
10 Mov P7
11 End
```

4）应用。程序调用指令（CallP）用于主程序与子程序之间的调用，两个程序不显示在同一操作界面。子程序的应用可使工业机器人程序的编写变得简化，便于程序校验及修改。

（2）子程序命令 GoSub　Return

1）指令格式：GoSub　Return

2）含义：执行指定标识的子程序，通过子程序中的返回命令进行恢复。

3）程序实例：

主程序

```
1 Servo On
2 Wait M_ Svo=1OAdl On
3 Accel 100,100
4 Spd 20000
5 HOpen 1
6 GoSub * L5
7 Mov P100
8 End
```

子程序

```
* L5:标签
Mov P200
Mov P30
Return:
```

4）应用。在使用子程序调用指令（GoSub）时，对应子程序中要有标签（例如 * L5）和子程序结束语（Return），两者是搭配使用的。指令（GoSub）用于在一个主程序中调用子程序，不能调用另一个主程序中的子程序。

五、常用信号输入输出指令

该指令可以读取由 PLC 等外部设备输入的信号，或者将信号输出到 PLC 等外部设备。

（1）信号输入

1）指令格式：Wait M_In(a)=(b)

2）含义：

Wait：等待。

M_ In：信号输入。

a：信号输入地址。

b：信号状态。

3）程序实例：

Wait　M_In(12)=1　（等待机床夹具端关闭，“(12)”为“1”时夹具关闭）

Wait　M_In(12)=0　（等待机床夹具端打开，“(12)”为“0”时夹具打开）

4）应用。读取工业机器人外部 PLC 等设备的输入信号，确认外部 PLC 等设备（系统）的变量状态，执行下一步动作。

（2）信号输出

1）指令格式：M_Out(a)=(b)

2）含义：

M_ Out：信号输出。

a：信号输出地址。

b：信号输出状态。

3）程序实例：

M_Out(13)=1　（向机床输出机床门关闭信号，“(13)”为“1”时机床门关闭）

M_Out(13)=0　（向机床输出机床门打开信号，“(13)”为“0”时机床门打开）

4）应用。向工业机器人外部 PLC 等设备输出信号，待外部 PLC 等设备（系统）的变量状态反馈确认后，再执行下一步动作。

六、常用运算指令

工业机器人需要执行复杂的工作任务时，采用运算指令编程会使得程序变得简化。常用运算指令有代入预算、数值运算、比较运算和逻辑运算等。

1. 代入运算指令

（1）代入运算　将某个位置变量、数值变量、字符变量代入另一位置变量、数值变量、字符变量进行运算，或将某个位置变量、数值变量、字符变量代入指定值进行运算。

（2）程序实例

P1=P2　（将 P2 代入位置变量 P1）

P5=P_Curr　（将现在的坐标值代入现在的位置变量 P5）

P10.Z=100.0　　（位置变量 P10 的 Z 坐标值设为 100.0）

M1=1　　（将 1 代入数值变量）

2. 数值运算指令

（1）数值运算　将某个位置变量、数值变量、字符变量与另一位置变量、数值变量、字符变量进行运算（相加、相减、相乘、相除）。

（2）程序实例

相加(+)

P10=P1+P2　　（将 P1 和 P2 各坐标相加结果代入位置变量 P10）

Mov　P8+P9　　（移动到将位置变量 P8 和 P9 的各坐标相加的位置）

M1=M1+1　　（数值变量 M1 的值加 1）

STS $="ERR"+"001"　　（将 ERR 与 001 加算结果代入字符变量 STS $）

相减(-)

P10=P1-P2　　（将 P1 和 P2 各坐标相减结果代入位置变量 P10）

Mov　P8-P9　　（移动到将位置变量 P8 和 P9 的各坐标相减的位置）

M1=M1-1　　（数值变量 M1 的值减 1）

相乘(*)

P10=P1 * P2　　（将 P1 和 P2 各坐标相乘结果代入位置变量 P10）

M1=M1 * 5　　（数值变量 M1 的值乘以 5）

相除(/)

P10=P1/P2　　（将 P1 和 P2 各坐标相除结果代入位置变量 P10）

M1=M1/5　　（数值变量 M1 的值除以 5）

3. 比较运算指令

（1）比较运算　将某个位置变量、数值变量、字符变量与另一位置变量、数值变量、字符变量进行比较运算。

（2）程序实例

比较是否等于的运算(=)

If M1=1 Then * L2　　（数值变量 M1 为 1，往 L2 分支）

STS $="OK" Then * L1　　（若字符串变量 STS $ 为 OK 字符串，则往 L1 分支）

比较是否不相等的运算(<>)

If M1<>2 Then * L3　　（数值 M1 不为 2，往 L3 分支）

STS $<>"OK" Then * L9　　（若字符串变量 STS $ 不为 OK 字符串，则往 L9 分支）

比较是否小于的运算(<)

If M1<10 Then * L3　　（数值 M1 小于 10，往 L3 分支）

If Len(STS $)<3 Then * L1　　（若字符串变量 STS $ 字符串小于 3，则往 L1 分支）

比较是否大于的运算(>)

If M1>9 Then * L2　　（数值 M1 大于 9，往 L2 分支）

If Len(STS $)>2 Then * L3　　（若字符串变量 STS $ 的字符串大于 2，则往 L3 分支）

比较是否小于或等于的运算(<=)

If M1<=10 Then * L3　　（数值 M1 为 10 或者比 10 小，往 L3 分支）

If Len(STS $)<=6 Then * L3　（若字符串变量 STS $ 为 6 或者比 6 小，则往 L3 分支）

比较是否大于或等于的运算(>=)

If M1>=11 Then * L2　（数值 M1 为 11 或者比 11 大，往 L2 分支）

If Len(STS $)>=5 Then * L3　（若字符串变量 STS $ 为 5 或者比 5 大，则往 L3 分支）

4. 逻辑运算指令

（1）逻辑运算　将某个位置变量、数值变量、字符变量与另一位置变量、数值变量、字符变量进行逻辑运算。

（2）程序实例

逻辑与运算(And)

M1=M1_ Inb(1) And & HOF　（将信号位 1 到 4 的状态转为以数值代入数值变量 1）

逻辑或运算(Or)

M_ Otub(20)=M1 Or H80

（在输出信号位 20 到 27 输出数值变量 M1 的值，此时输出信号位为常开）

否定运算(Not)

M1=Not M_ Inw(1)　（将输出信号位 1 到 16 的状态取反后代入数值变量）

逻辑左移运算(<<)

M1=M1<<2　（将变量 M1 向左移动 2 位）

逻辑右移运算(>>)

M1=M1>>2　（将变量 M1 向右移动 2 位）

七、常用码垛指令

码垛指令在搬运工业机器人中经常使用，在程序中需要定位点的只有四点，（起点、终点 A、终点 B、对角点），工业机器人自己会寻找这些点最合理的轨道来移动，所以示教方法极为简单，原理上属于直线运动。这里重点讲解三种常用码垛（之字型码垛、同一方向码垛、圆弧型码垛）指令搬运。

1. 之字型码垛指令

之字型码垛分为两种形式，一种是姿势等分，另一种是姿势固定。

（1）指令格式

Def Plt 〈码垛号码〉,〈起点〉,〈终点 A〉,〈终点 B〉,〈对角点〉,〈个数 A〉,〈个数 B〉,〈码垛模板〉

（2）含义

起点：码垛的起点，只有常数或位置变量。

终点 A：码垛的一边终点，只有常数或位置变量。

终点 B：码垛的一边终点，只有常数或位置变量。

对角点：码垛起点的对角点，只有常数或位置变量。

个数 A：码垛的起点和终点 A 之间的工作个数。

个数 B：码垛的起点和终点 B 之间的工作个数。

码垛模板 1：之字型（姿势等分）。

码垛模板 11：之字型（姿势固定）。

(3) 程序实例

```
Def Plt 1 P1,P2,P3,P4,3,4,1
```

该程序以图 2-44 所示为例，码垛号码为 1（托盘编号），P1 对应的是起点，P2 对应的是终点 A，P3 对应的是终点 B，P4 对应的是对角点，“3” 对应的是个数 A，“4” 对应的是个数 B，“1” 对应的是码垛模板。

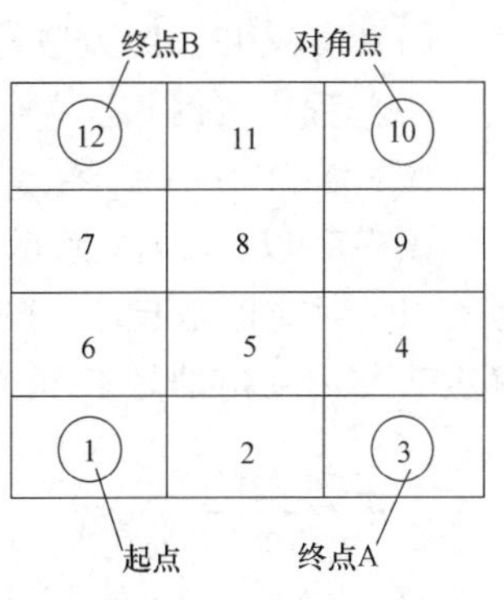

图 2-44　之字型码垛

2. 同一方向码垛指令

同一方向码垛分为两种形式，一种是姿势等分，另一种是姿势固定。

(1) 指令格式

Def　Plt　〈码垛号码〉,〈起点〉,〈终点 A〉,〈终点 B〉,〈对角点〉,〈个数 A〉,〈个数 B〉,〈码垛模板〉

(2) 含义

起点：码垛的起点，只有常数或位置变量。

终点 A：码垛的一边终点，只有常数或位置变量。

终点 B：码垛的一边终点，只有常数或位置变量。

对角点：码垛起点的对角点，只有常数或位置变量。

个数 A：码垛的起点和终点 A 之间的工作个数。

个数 B：码垛的起点和终点 B 之间的工作个数。

码垛模板 2：同一方向型（姿势等分）。

码垛模板 12：同一方向型（姿势固定）。

(3) 程序实例

```
Def Plt 2  P1,P2,P3,P4,3,4,2
```

该程序以图 2-45 所示为例，码垛号码为 2（托盘编号），P1 对应的是起点，P2 对应的是终点 A，P3 对应的是终点 B，P4 对应的是对角点，“3” 对应的是个数 A，“4” 对应的是个数 B，“2” 对应的是码垛模板。

3. 圆弧型码垛指令

圆弧型码垛分为两种形式，一种是姿势等分，另一种是姿势固定。两种形式的运行方式、动作姿势也不同。

(1) 指令格式

Def　Plt　〈码垛号码〉,〈起点〉,〈通过点〉,〈终点〉,〈个数〉

(2) 含义

起点：圆弧型码垛的起点，只有常数或位置变量。

通过点：圆弧型码垛通过点，只有常数或位置变量。

终点：圆弧型码垛终点，只有常数或位置变量。

个数：圆弧型码垛的起点和终点之间的工作个数。

码垛模板 3：圆弧型码垛（姿势等分）。

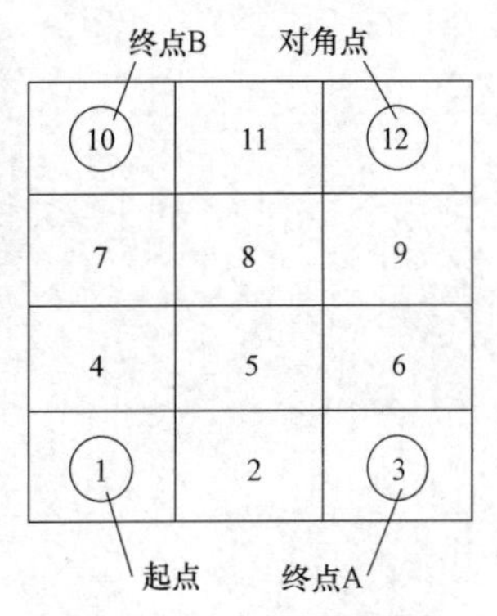

图 2-45　同一方向码垛

码垛模板 13：圆弧型码垛（姿势固定）。

(3) 程序实例

```
Def Plt 1 P1,P2,P3,5,3
```

该程序以图 2-46 所示为例，码垛号码为 1（托盘编号），P1 对应的是起点，P2 对应的是通过点，P3 对应的是终点，“5” 对应的是工作个数，“3” 对应的是码垛模板。

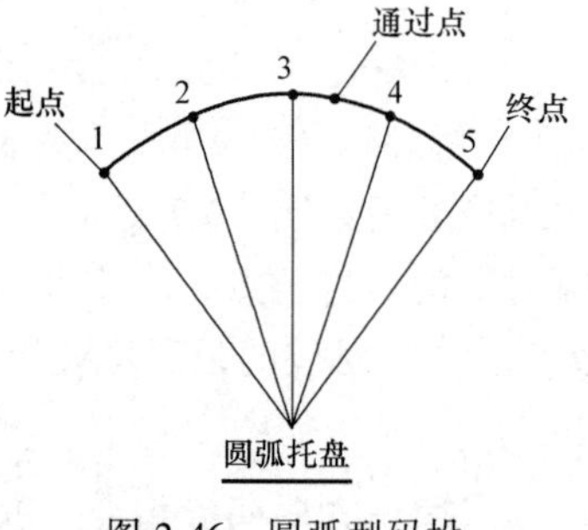

图 2-46　圆弧型码垛

任务实施

一、任务准备

实施本任务教学所使用的实训设备及工具材料可参考表 2-4。

表 2-4　实训设备及工具材料

序号	分类	名称	型号/规格	数量	单位	备注
1	工具	内六角扳手	3.0mm	1	把	工具墙
2		内六角扳手	4.0mm	1	把	工具墙
3	设备器材	内六角圆柱头螺钉	M4	4	颗	工具墙红色盒
4		内六角圆柱头螺钉	M5	4	颗	工具墙红色盒
5		绘图模块	含 4 个磁石	1	个	物料间领料
6		绘图笔夹具	自定	1	个	物料间领料
7		A4 纸		1	张	物料间领料

二、绘图笔夹具的安装

本任务采用绘图笔夹具。该夹具与工业机器人 J6 轴连接，法兰盘上有 4 个 M5 螺钉安装孔，把夹具调整到合适位置，然后用螺钉将其紧固到法兰盘上，如图 2-47 所示。

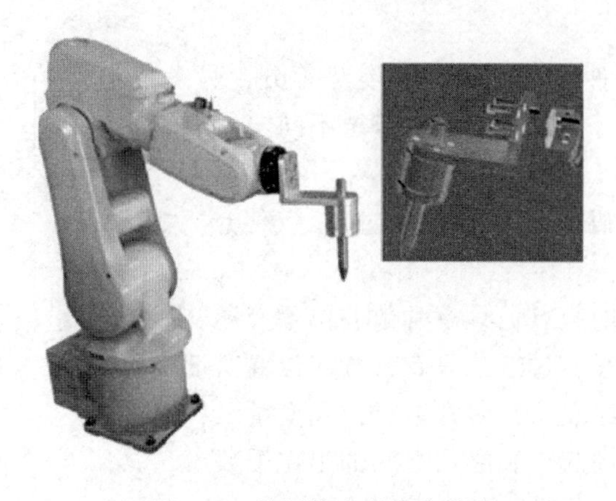

图 2-47　绘图笔夹具的安装

三、工业机器人程序设计与编写

1. 工业机器人程序流程图的设计

如图 2-48 所示，在编写工业机器人程序前，要求绘制工业机器人程序流程图，然后再编写工业机器人主程序和子程序。

2. 工业机器人运动轨迹规划与位置点示教

绘图轨迹如图 2-49 所示，根据工业机器人的运行轨迹确定其运动所需的示教点，见表 2-5。

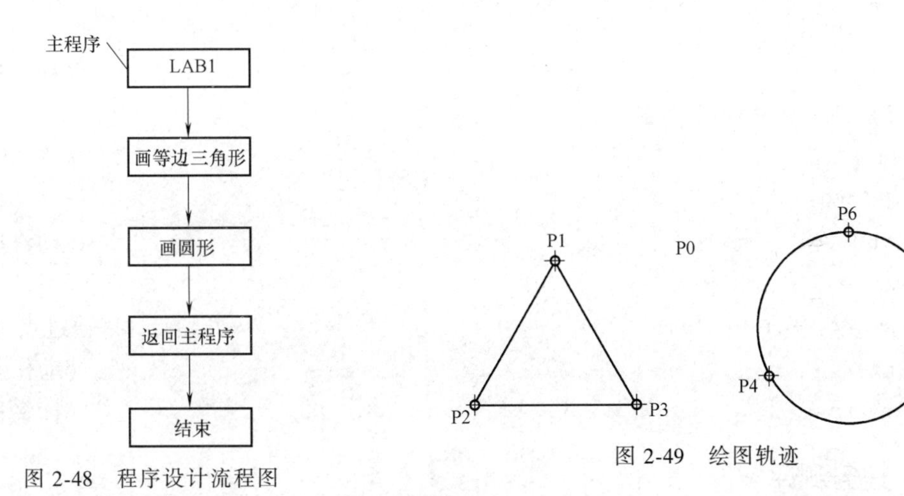

图 2-48　程序设计流程图

图 2-49　绘图轨迹

表 2-5　工业机器人运动轨迹示教点

序号	点序号	注释	备注
1	P0	工业机器人绘图初始位置	需示教
2	P1~P3	等边三角形轨迹点	需示教
3	P4~P6	圆形轨迹点	需示教

3. 编写工业机器人程序

(1) 主程序

```
*LAB1                    (标签程序 LAB1)
Servo On                 (工业机器人上电)
Wait M_Svo=1             (等待伺服电气上电)
OAdl On                  (指定最佳加减速度)
Accel 100,100            (指定加减速度)
Spd 20000                (指定速度 mm/s)
Cnt 1                    (动作连续有效)
Mov P0                   (画图程序初始点)
GoSub *LAB2              (调用三角形标签程序)
GoSub *LAB3              (调用圆形标签程序)
Mov P0                   (返回画图程序初始点)
```

```
END                                   （程序结束）
```

（2） 三角形标签程序参考

```
* LAB2
Mov P1
Cnt 1                                 （动作连续有效）
SPd 1000                              （指定速度）
Mvs P2
Mvs P3
Mvs P1
Return                                （标签程序结束）
```

（3） 圆形标签程序参考

```
* LAB3                                （标签程序 LAB3）
SPd 1000                              （指定速度）
Cnt 1                                 （动作连续有效）
Mov P4
Mvr P4,P5,P6                          P4 开始点，P5 通过点，P6 结束点
Cnt 0                                 （动作连续无效）
Return                                （标签程序结束）
```

任务测评

对任务实施的完成情况进行检查，并将结果填入表 2-6 中。

表 2-6 任务测评表

序号	主要内容	考核要求	评分标准	配分	扣分	得分
1	机械安装	夹具与模块固定牢靠，不缺少螺钉	1）夹具与模块安装位置不合适，扣5分 2）夹具或模块松动，扣5分 3）损坏夹具或模块，扣10分	20		
2	工业机器人程序设计与示教操作	程序设计正确，工业机器人示教正确	1）操作工业机器人动作不规范，扣5分 2）工业机器人不能完成描绘图形，每个图形轨迹扣10分 3）不会单步运行方式运行，扣10分 4）不会自动运行方式运行，扣15分 5）工业机器人程序编写错误，每处扣5分 6）不会位置点示教，扣40分	70		
3	安全文明生产	劳动保护用品穿戴整齐；遵守操作规程；讲文明礼貌；操作结束要清理现场	1）操作中，违反安全文明生产考核要求的任何一项，扣5分，扣完为止 2）当发现有重大事故隐患时，要立即制止学生，每次都要扣安全文明生产总分（5分）	10		
合计				100		
开始时间：			结束时间：			

课后习题

一、填空题

1. 三菱工业机器人的常用动作控制指令有________、________、________、________、________、________、________ 7 个。

2. 三菱工业机器人常用程序控制指令有无条件分支指令，条件分支________、________指令。

3. 三菱工业机器人常用循环指令有________和________ 2 个指令。

4. 三菱工业机器人常用运算指令有________、________、________和________。

二、选择题

1. 对下列三菱工业机器人的程序控制条件分支指令“IF M2 = 2 Then ＊L30 Else ＊L40”，描述正确的是（　　）。

① 数字变量 M2 为 2 时，往标准分支 L30

② 数字变量 M2 为 2 时，往标准分支 L40

③ 数字变量 M2 为 2 时，往标准分支 L40，如不是往标准分支 L30

④ 数字变量 M2 为 2 时，往标准分支 L30，如不是往标准分支 L40

A. ①　　B. ②　　C. ③　　D. ④

2. 对下列三菱工业机器人的循环指令“For M2 = 0 TO 10 Step 2”，描述正确的是（　　）。

① For 文和 Next 文之间重复 2 次，数值变量 M2 最初代入 10，每次重复加 1

② For 文和 Next 文之间重复 4 次，数值变量 M2 最初代入 2，每次重复加 1

③ For 文和 Next 文之间重复 10 次，数值变量 M2 最初代入 0，每次重复加 2

④ For 文和 Next 文之间重复 10 次，数值变量 M2 最初代入 2，每次重复加 1

A. ③　　B. ④　　C. ①　　D. ②

3. 对下列三菱工业机器人码垛指令的描述，错误的是（　）。

① Def Plt 3 P1，P2，P3，5，3（码垛号码为 1（托盘编号），P1 对应的是起点，P2 对应的是通过点，P3 对应的是终点，“5”对应的是工作个数，“3”对应的是码垛模板）

② Def Plt 1 P1，P2，P3，P4，3，4，1（码垛号码为 2（托盘编号），P1 对应的是起点，P2 对应的是终点 A，P3 对应的是终点 B，P4 对应的是对角点，“3”对应的是个数 A，“4”对应的是个数 B，“1”对应的是码垛模板）

③ Def Plt 1 P1，P2，P3，P4，3，4，1（码垛号码为 1（托盘编号），P1 对应的是起点，P2 对应的是终点 A，P3 对应的是终点 B，P4 对应的是对角点，“3”对应的是个数 A，“4”对应的是个数 B，“1”对应的是码垛模板）

④ Def Plt 2　P1，P2，P3，P4，3，4，2（码垛号码为 2（托盘编号），P1 对应的是起点，P2 对应的是终点 A，P3 对应的是终点 B，P4 对应的是对角点，“3”对应的是个数 A，

“4” 对应的是个数 B，“1” 对应的是码垛模板）

A. ②　　B. ①　　C. ③　　D. ④

三、操作练习题

1. 根据本任务所学内容和知识，结合图 2-50 所示运行轨迹，编写工业机器人程序。

2. 根据本任务所学内容和知识，结合图 2-51 所示运行轨迹，用码垛指令编写工业机器人程序（依据图 2-51 中的运行轨迹，推导出码垛指令，只需一个完整指令格式），并在程序中注明起始点、终点 A、终点 B、对角点、工作个数 A、工作个数 B、对应码垛模板。

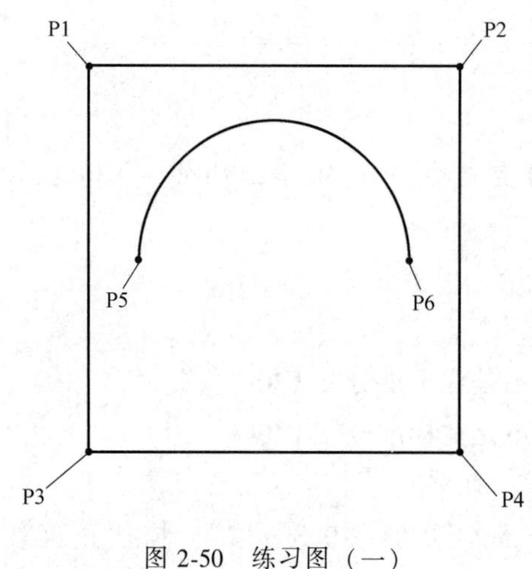

图 2-50　练习图（一）

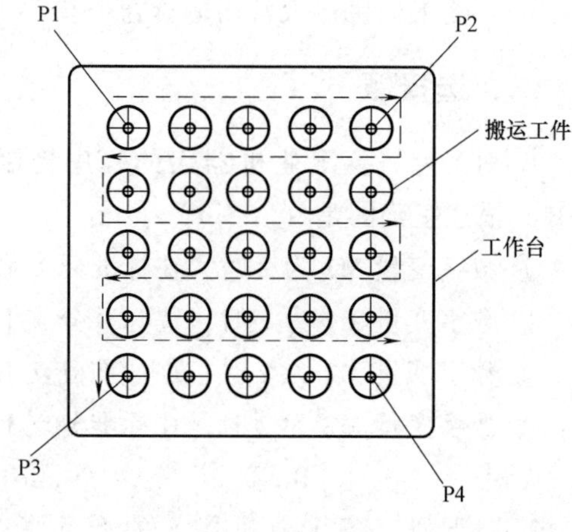

图 2-51　练习图（二）

任务三　三菱工业机器人码垛程序设计与应用

学习目标

知识目标：1. 掌握三菱工业机器人码垛程序设计方法。

2. 掌握三菱工业机器人码垛程序编写方法。

能力目标：会使用工业机器人码垛程序设计功能，完成三菱工业机器人码垛搬运的应用。

工作任务

图 2-52 所示为码垛形式搬运物料，通过四点定位，工业机器人会自行寻找两点之间最合理的轨迹来移动。托盘 1 为上料托盘，托盘 2 为下料托盘。每个托盘工位有 25 个，并且每个工位之间的距离是等距的。本工作任务要求工业机器人抓手从上料托盘 1 依次有序抓取物料，然后依次有序把物料放置到下料托盘 2 上（抓取和放置只需完成动作，不用抓取或放置实物）。

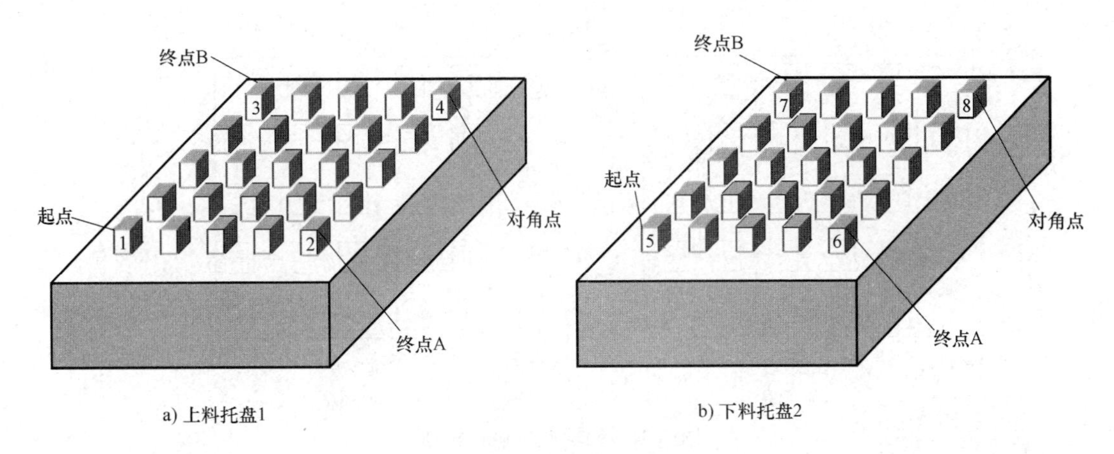

图 2-52　码垛形式搬运物料

知识储备

1. 工业机器人码垛程序流程图的设计

编写程序前，先绘制码垛程序流程图，然后编写主程序和子程序，如图 2-53 所示。

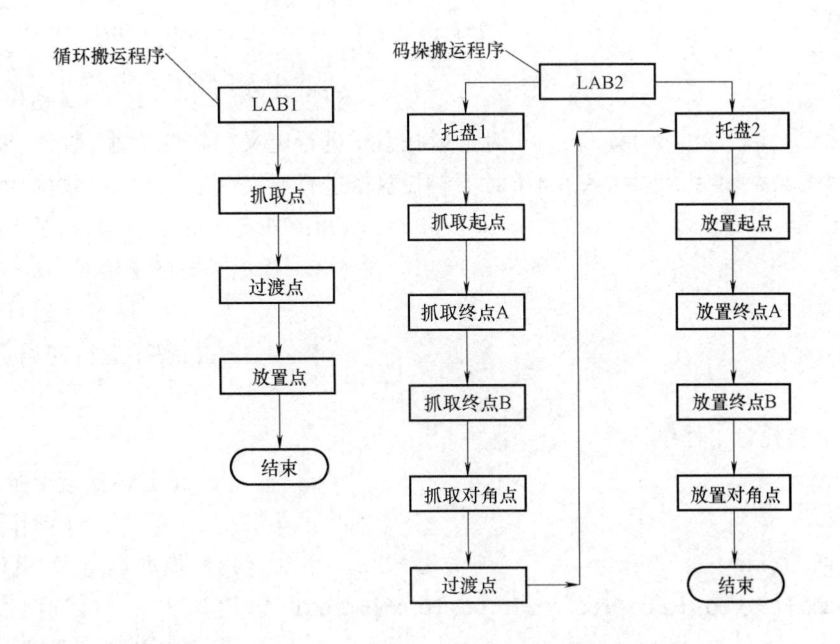

图 2-53　码垛程序设计流程图

2. 工业机器人码垛运动轨迹规划

如图 2-54 所示，根据工业机器人的运行轨迹确定其所需要的位置示教点。

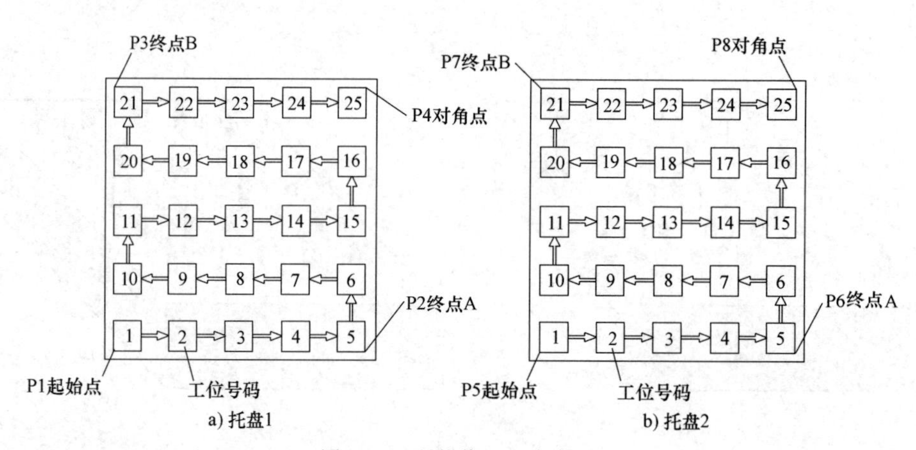

图 2-54　码垛搬运运行轨迹

3. 工业机器人码垛程序编写

```
Servo On                                        （工业机器人上电）
Wait M_Svo=1                                    （等待伺服电气上电）
OAdl On                                         （指定最佳加减速度）
Accel 100,100                                   （指定加减速度）
Spd 2000                                        （指定速度，单位为 mm/s）
HOpen 1                                         （打开抓手 1）
HOpen 2                                         （打开抓手 2）
Cnt 1                                           （动作连续有效）
Def  Plt 1,P1,P2,P3,P4,5,5,1 ［对上料托盘 1 进行定义（位置、大小、数量、编号顺序）］
Def  Plt 2,P5,P6,P7,P8,5,5,1 ［对下料托盘 2 进行定义（位置、大小、数量、编号顺序）］
M11=1                                           （M11 托盘 1 的格子编号，从 1 开始编号）
M21=1                                           （M21 托盘 2 的格子编号，从 1 开始编号）
N=0                                             （运行次数清零）
Mov P100                                        （ 程序运行初始点，安全点）

*L1：上料托盘 1 程序标签
Mov P200                                        （上料托盘 1 搬运过渡点）
Cnt 1                                           （动作连续有效）
P300=Plt 1,M11                                  （码垛抓取点定义，赋值给 P300）
Mov P300+(+0.00,+0.00,+50.00,+0.00,+0.00,+0.00) （Z 轴上方+50mm）
Spd 800                                         （直交插补速度设置，800mm/s）
Cnt 0                                           （动作连续无效）
Mvs P300                                        （抓取点）
Dly 0.5                                         （动作延迟 0.5s）
HClose 1                                        （关闭 1 号抓手）
Dly 0.5                                         （动作延迟 0.5s）
```

```
Mvs P300+(+0.00,+0.00,+50.00,+0.00,+0.00,+0.00)        (Z 轴上方+50mm)
Cnt 1                                                  (动作连续有效)
M11=M11+1                                              (码垛,抓取点次数计算)
Mov P200                                               (上料托盘 1 搬运过渡点)
GoTo * L2                                  (运行到此行时跳转到 * L2 下料托盘 2 程序)

* L2: 下料托盘 2 程序标签
Cnt 1                                                  (动作连续有效)
Mov P500                                               (下料托盘 2 搬运过渡点)
P400=Plt 2,M21                                         (码垛放置点定义,赋值给 P400)
Mov P400+(+0.00,+0.00,+50.00,+0.00,+0.00,+0.00)        (Z 轴上方+50mm)
Cnt 0                                                  (动作连续无效)
Spd 800                                                (直交插补速度设置,800mm/s)
Mov P400                                               (下料托盘 2 搬运过渡点)
Dly 0.5                                                (动作延迟 0.5s)
HOpen 1                                                (打开 1 号抓手)
Dly 0.5                                                (动作延迟 0.5s)
Mvs P400+(+0.00,+0.00,+50.00,+0.00,+0.00,+0.00)        (Z 轴上方+50mm)
Cnt 1                                                  (动作连续有效)
Mov P500                                               (下料托盘 2 搬运过渡点)
M21=M21+1                                              (码垛,放置点次数计算)
N=N+1                                                  (运行次数计算,每运行一次加 1)
If N<25 Then * L1
        (如果运行次数<25,继续调转到 * L1 上料托盘 1 程序运行,如果运行次数>25,
                                                 则继续往下一行程序运行)
Mov P100                                               (程序运行初始点,安全点)
END                                                    (程序结束)
```

任务实施

一、任务准备

实施本任务教学所使用的实训设备及工具材料可参考表 2-7。

表 2-7　实训设备及工具材料

序号	分类	名称	型号/规格	数量	单位	备注
1	工具	内六角扳手	3.0mm	1	把	工具墙
2		内六角扳手	4.0mm	1	把	工具墙
3	设备器材	内六角圆柱头螺钉	M4	4	颗	工具墙红色盒
4		内六角圆柱头螺钉	M5	4	颗	工具墙红色盒
5		气动抓手		1	副	物料间领料
6		物料托盘		2	个	物料间领料

二、气动抓手的安装

本任务采用气动抓手。该夹具与工业机器人 J6 轴连接，法兰盘上有 4 个 M5 螺钉安装孔，把夹具调整到合适位置，然后用螺钉将其紧固到工业机器人法兰盘上，如图 2-55 所示。

图 2-55　气动抓手的安装

三、位置点示教

如图 2-56 所示，托盘 1 为上料托盘，托盘 2 为下料托盘，需要分别示教起点、终点 A、终点 B、对角点四点，抓取和放置顺序为起点→终点 A→终点 B→对角点，示教点见表 2-8。

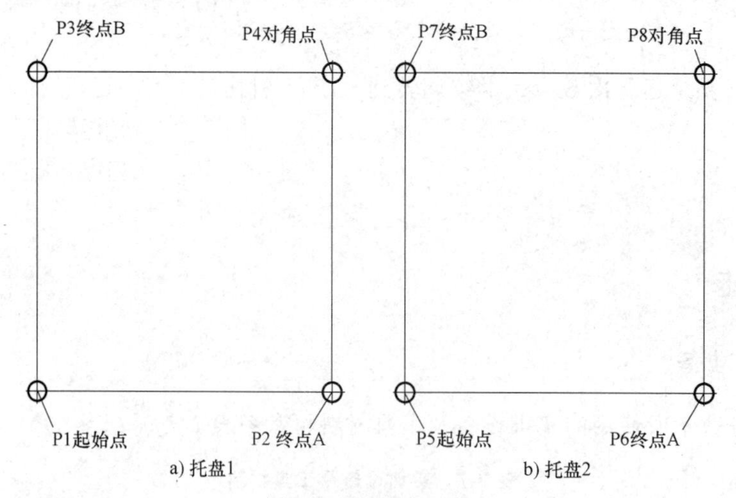

图 2-56　位置点示教

表 2-8　工业机器人运动轨迹示教点

点序号	注释	备　注
P100	程序运行初始点/安全点	需示教
P200	上料托盘搬运过渡点	需示教

（续）

点序号	注释	备　注
P300	上料托盘放置点	赋值
P400	下料托盘放置点	赋值
P500	下料托盘搬运过渡点	需示教
P1	上料托盘起始点	需示教
P2	上料托盘终点 A	需示教
P3	上料托盘终点 B	需示教
P4	上料托盘对角点	需示教
P5	下料托盘起始点	需示教
P6	下料托盘终点 A	需示教
P7	下料托盘终点 B	需示教
P8	下料托盘对角点	需示教

任务测评

对任务实施的完成情况进行检查，并将结果填入表 2-9 中。

表 2-9　任务测评表

序号	主要内容	考核要求	评分标准	配分	扣分	得分
1	气动抓手安装	抓手与法兰盘连接牢固，不松动，气管连接正确	1）抓手与法兰盘连接处松动，扣5分 2）气动抓手张开、闭合动作相反，扣5分 3）损坏抓手或者法兰盘，扣10分	20		
2	工业机器人的程序设计与操作	正确进行码垛程序设计编写，完成位置点的示教，能够以单步运行方式、自动运行方式运行	1）程序设计流程不正确，扣10分 2）位置点示教不正确，扣15分 3）不会以单步运行方式运行，扣15分 4）不会以自动运行方式运行，扣15分 5）码垛程序编写错误，每处扣15分	70		
3	安全文明生产	劳动保护用品穿戴整齐；遵守操作规程；讲文明礼貌；操作结束要清理现场	1）操作中，违反安全文明生产考核要求的任何一项均扣5分，扣完为止 2）当发现有重大事故隐患时，要立即制止学生，每次都要扣安全文明生产总分（5分）	10		
合计				100		
开始时间：			结束时间：			

拓展训练

根据本任务所学内容与知识，结合图 2-57 所示码垛上下料搬运要求，设计工业机器人程序流程图并编写程序。

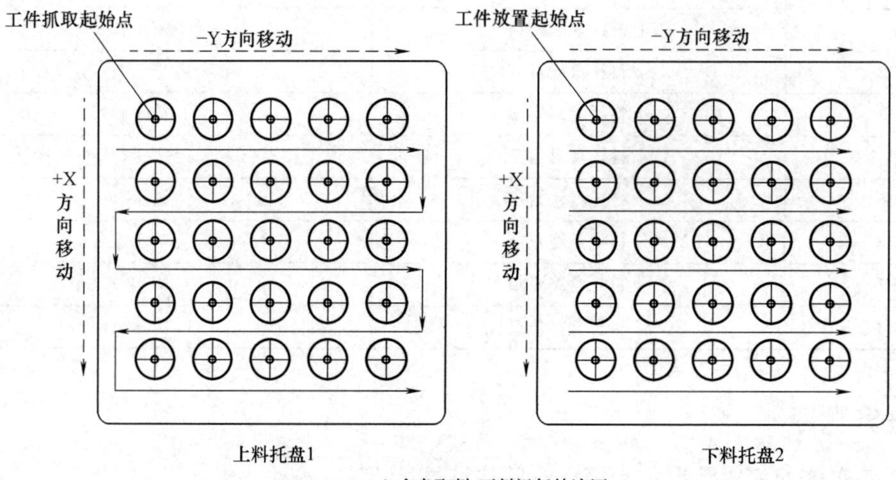

a) 上盘取料,下料运行轨迹图

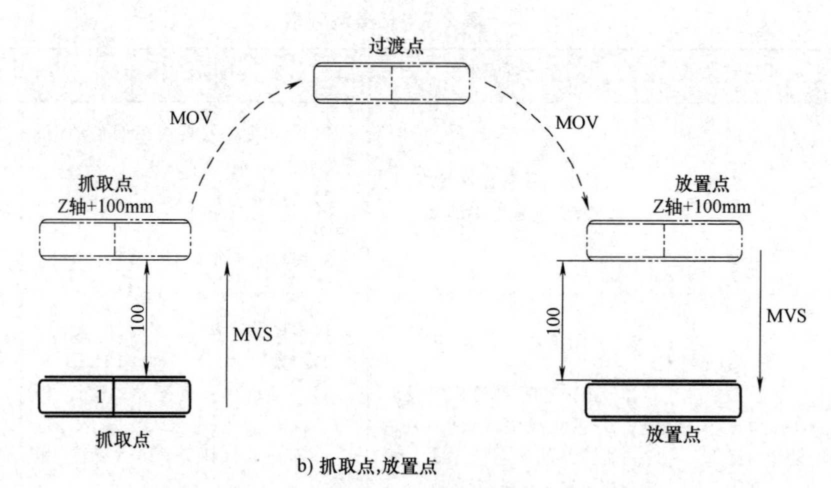

b) 抓取点,放置点

图 2-57　码垛上下料搬运要求

任务四　工业机器人工具坐标系的标定与测试

学习目标

知识目标：1. 掌握三菱工业机器人工具坐标系定义。

2. 熟悉三菱工业机器人工具坐标系的建立方法。

能力目标：1. 能够熟练调节三菱工业机器人位置与姿态。

2. 能完成三菱工业机器人工具坐标系设定。

工作任务

如图 2-58 所示，使用移动指令可指定靠近距离/脱离距离，可简单方便地设定工件取出、搬运时的动作。靠近/脱离方向为工具坐标系的 Z 方向。

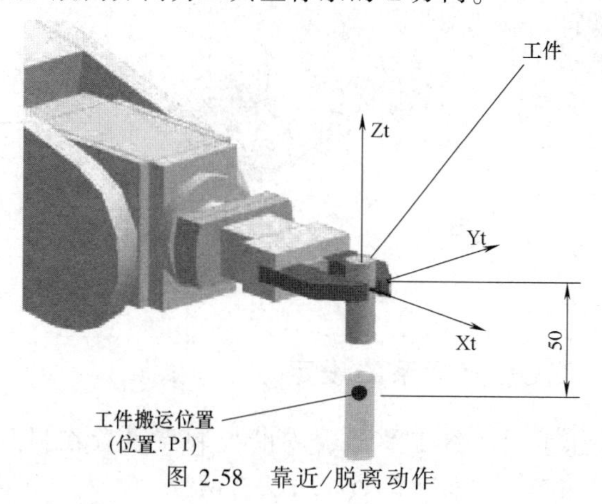

图 2-58　靠近/脱离动作

知识储备

一、工具数据的定义

由工业机器人的机械 I/F 安装的工具（抓手）确定的坐标系与机械 I/F 坐标系之间的关系取决于工具数据（参数 METXL 的设定、TOOL（工具）指令的执行）。将工业机器人的控制点设定为工业机器人上安装的抓手前端时，需要设定工具数据。工具数据是以设定于法兰上的机械 I/F 坐标系为基准，对工具前端位置进行定义的数据。

1. 机械 I/F 坐标系

如图 2-59 所示、以法兰中心为原点的坐标系称为机械 I/F 坐标系。机械 I/F 坐标系的 X 轴用 Xm、Y 轴用 Ym、Z 轴用 Zm 表示。Zm 是穿过法兰中心、垂直于法兰面的轴，从法兰面向外的方向为正方向。Xm、Ym 被设定在法兰面内。法兰中心和定位销孔的连线即为 Xm 轴，Xm 轴的正方向是从中心到销孔的相反方向。

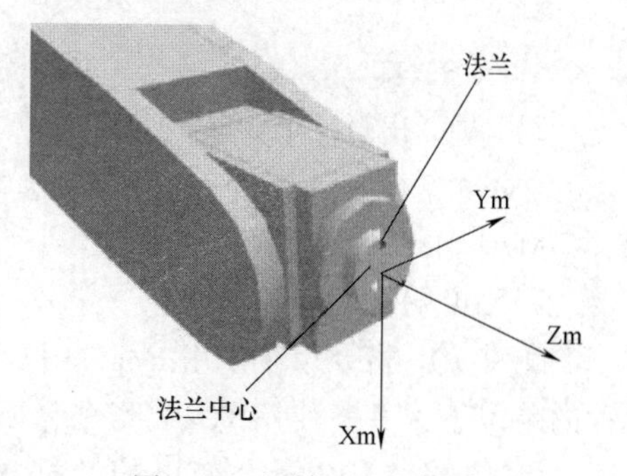

图 2-59　机械 I/F 坐标系

2. TOOL（工具）坐标系

TOOL 坐标系是定义在抓手前端（抓手控制点）的坐标系，它将机械 I/F 坐标系的原点移到了抓手前端（控制点），并增加了任意旋转的成分。TOOL 坐标系的 X 轴用 Xt、Y 轴用 Yt、Z 轴用 Zt 表示，如图 2-60 所示。

TOOL 数据具有与位置数据相同的参数：X、Y、Z 表示从机械 I/F 坐标系原点到 TOOL 坐标系原点的移动量，单位为 mm；A、B、C 表示坐标轴的旋转角度，单位为（°），A 表示绕 X 轴旋转的旋转角，B 表示绕 Y 轴旋转的旋转角，C 表示绕 Z 轴旋转的旋转角。

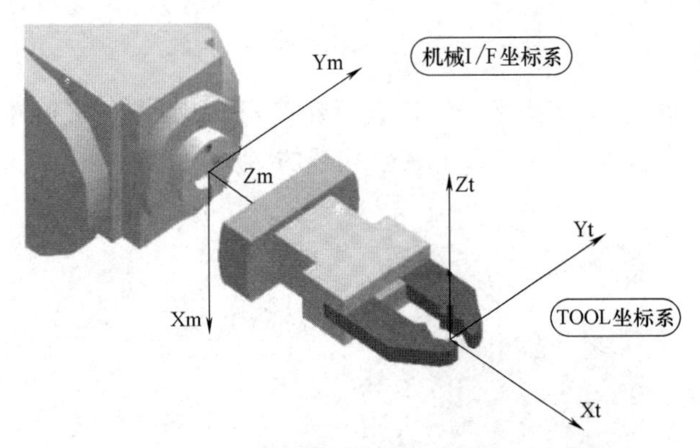

图 2-60 机械 I/F 坐标系与 TOOL 坐标系

二、工业机器人 TOOL 坐标系的设定

在安装工业机器人抓手时，将工业机器人的控制点设置在抓手尖端时，必须要设定 TOOL 数据，工业机器人 TOOL 坐标系的设定方法有两种。

1. 以参数 MEXTL 设定

例如：参数名称 MEXTL，设置值（50,0,50,0,0,0,0,0,)。

2. 在工业机器人程序内用 TOOL 指令设定

指定 TOOL 变换数据，设定 TOOL（抓手）的长度、机械 I/F 坐标系的控制点的位置姿势。

(1) 指令格式　Tool　<Tool 数据>

(2) 含义　以位置表达式（位置常数、位置变量等）设定 TOOL 数据。

(3) 程序实例

1) 设定直接数值。

Tool (50,0,50,0,0,0,0,0,)　　（以 TOOL 坐标 X50mm、Z50mm 变更控制点）

Mvs　P1

Tool P_NTool　　[将控制点返回到初始值(机械 I/F 坐标系位置、法兰盘)]

2) 设定在直交的位置变量。

PTL01　　[把 PTL01 设定为(50,0,50,0,0,0,0,0,),与上述程序意义相同]

Mvs　P1

程序说明：

① TOOL 指令用于使用 Double 抓手的系统中，在各抓手的尖端设定控制点。抓手为一种的情况下，并不使用 TOOL 指令，要使用参数 MEXTL 设定。

② 依据 TOOL 指令变更的数据被存储在参数 MEXTL 中，控制器的电源关闭后即被存储。

③ 到 TOOL 指令执行为止，系统初始值（P_NTool）会被采用。执行一次 TOOL 指令，至下个 TOOL 指令被执行为止，会采用已指定的 TOOL 变换数据。

④ 示教和自动运行时的 TOOL 数据不同时，会有在预料外动作的情况发生，因此务必使运行时和示教时的设定一致。此外，依据工业机器人的机型，有效轴会有所不同。

三、工业机器人 TOOL 坐标系的使用

工业机器人 JOG 动作、示教操作，以工具 JOG 模式使工业机器人动作时，可根据抓手面的方向使其动作。这使针对对象工件调整抓手姿势、变更夹持工件的姿势变得更简单，如图 2-61 所示。

未设定工具数据时

设定工具数据时

X方向移动

X方向移动

Ym

Yt

Ym

Yt

Zm

Zt

Zm

Zt

沿着机械I/F坐标系Xm轴动作

沿着TOOL坐标系的Xt轴动作，可平行/垂直于抓手面动作，并配合工件朝向

Xt

Xm

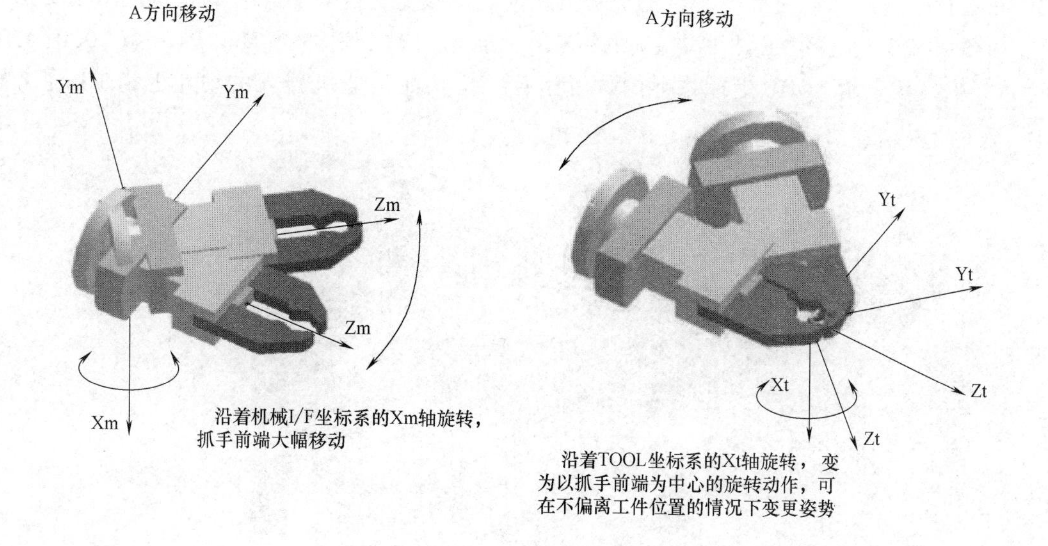

图 2-61　基于工具数据有无的工具 JOG 动作

任务实施

一、任务准备

实施本任务教学所使用的实训设备及工具材料可参考表2-10。

表2-10 实训设备及工具材料

序号	分类	名称	型号/规格	数量	单位	备注
1	工具	内六角扳手	3.0mm	1	把	工具墙
2		内六角扳手	4.0mm	1	把	工具墙
3	设备器材	内六角圆柱头螺钉	M4	4	颗	工具墙红色盒
4		内六角圆柱头螺钉	M5	4	颗	工具墙红色盒
5		工业机器人抓手		1	个	物料间领料
6		抓取工件		1	个	物料间领料

二、工件安装

使用移动指令可指定靠近距离/脱离距离，可简单方便地设定工件取出、搬运时的动作。靠近/脱离方向为TOOL坐标系的Z方向。如图2-58所示，移动到工件搬运位置上空50mm的位置时，记述为Mov P1，50，表示在P1的Z方向（TOOL坐标系）向+50mm的位置移动。根据工件的朝向或动作状态设定TOOL坐标系的Z方向，可提高操作性。为了使抓手以侧横向进行工件的插入/拔出操作，TOOL坐标系的Z方向与工件的朝向要一致。

三、使用TOOL坐标系抓取工件

在进行工件的相位对准等工件的姿势变更时，如设定有工具数据，则操作起来会更加方便。如图2-62所示，绕工件的中心轴旋转，对准相位时，记述为Mov P1 *（0,0,0,0,0,45）。其中，*表示TOOL坐标系上的位置运算，反映在工业机器人的动作上为P1绕Z轴

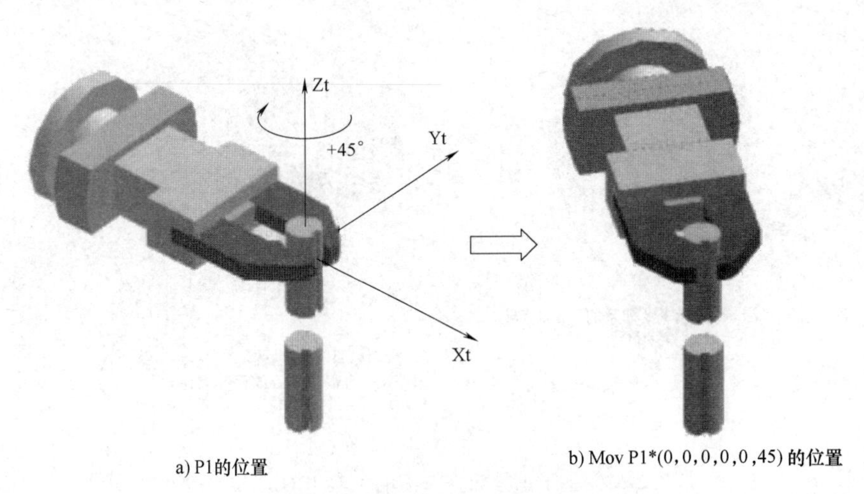

图2-62 TOOL坐标系上的旋转动作

（绕 TOOL 坐标系的 Zt 轴旋转）旋转 45°。

任务测评

对任务实施的完成情况进行检查，并将结果填入表 2-11 中。

表 2-11　任务测评表

序号	主要内容	考核要求	评分标准	配分	扣分	得分
1	工业机器人抓手的安装	正确安装工业机器人抓手	1）工业机器人抓手安装不牢固，每处扣 5 分 2）不会安装扣 10 分	10		
2	工件的安装	正确安装工件	1）工件安装位置错误，每处扣 5 分 2）不会安装扣 10 分	10		
3	TOOL 坐标系设定	正确新建 TOOL 坐标系	1）不会使用 TOOL 坐标系，扣 30 分 2）设定 TOOL 坐标系有遗漏或错误，每处扣 10 分	30		
		正确调试 TOOL 坐标系	1）不能使用 TOOL 坐标系进行工件姿态变更，扣 20 分 2）调试 TOOL 坐标系方法有遗漏或错误，每处扣 10 分	20		
4	使用 TOOL 坐标系抓取工件	设定 TOOL 坐标系，使用移动指令、程序进行工件抓取	1）不会使用移动指令和程序抓取工件，扣 20 分 2）指令、程序使用方法有遗漏或错误，每处扣 10 分	20		
5	安全文明生产	劳动保护用品穿戴整齐；遵守操作规程；讲文明礼貌；操作结束要清理现场	1）操作中，违反安全文明生产考核要求的任何一项，扣 5 分，扣完为止 2）当发现有重大事故隐患时，要立即制止学生，每次都要扣安全文明生产总分（5 分）	10		
合计				100		
开始时间：			结束时间：			

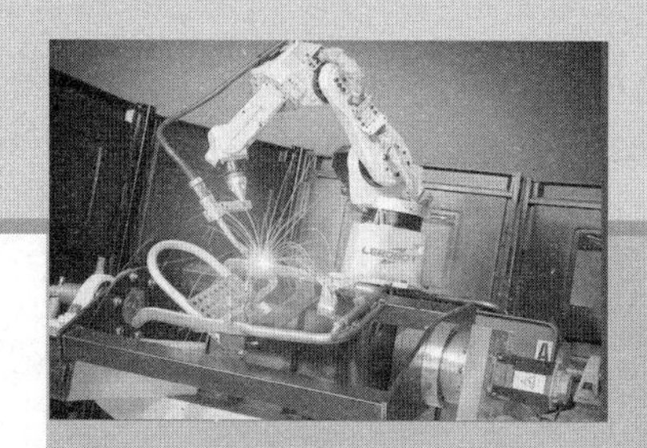

模块三

数控系统与工业机器人通信设计

任务 数控机床呼叫工业机器人上下料通信设计

学习目标

知识目标：1. 掌握数控系统可编程逻辑控制器的基本结构。

2. 了解数控系统可编程逻辑控制器对输入/输出信号的处理方法。

3. 掌握数控系统与工业机器人之间的信号通信。

能力目标：1. 能够了解广数 980TD 数控系统硬件结构。

2. 能够编写简单的梯形图程序以及运用 M 辅助功能模块相关指令编程。

3. 能够编写工业机器人程序并与数控系统进行信号通信。

工作任务

本任务主要学习工业机器人与数控机床配合，形成自动加工制造岛；工业机器人与数控系统之间信号如何通信；数控机床如何呼叫工业机器人上下料；工业机器人如何应答数控机床上料完成，主要以广数 980TD 数控系统和三菱工业机器人为例进行介绍。

本任务通过设计对广数 980TD 数控系统 PLC 进行编程，使其梯形图中添加呼叫工业机器人上下料的 M 指令的 PLC 程序，来实现数控系统呼叫工业机器人为数控机床进行上下料。要编写辅助功能的梯形图程序，首先要了解数控系统中 PLC 相关信号地址、常用的功能指令以及 MST 功能在 CNC 与 PLC 之间如何工作，然后利用 980TD 数控系统 PLC 编程软件进行梯形图编程，来添加呼叫工业机器人上下料的辅助功能部分的梯形图。

为了更好地协调工业机器人与数控机床按照正确的逻辑工作，需要建立工业机器人和机床之间安全可靠的通信机制。本书所介绍的自动加工制造岛采用普通快速 I/O 通信模式。在硬件方面，通过屏蔽信号电缆配合中间继电器将机床的数控系统与工业机器人控制器之间的处理器中相应的输入与输出点进行连接，屏蔽电缆以及中间继电器的隔离作用可以保证信号传输的稳定性。在软件方面，对于数控机床，通过 GSKCC 软件编写相应的梯形图，然后通过在加工程序中加入对应的呼叫工业机器人换料的 M 指令；对于工业机器人，通过 RT ToolBOX 软件编写逻辑正确的运行程序，两个控制系统分别高速扫描各自的 I/O 通信接口来采集机床和工业机器人当前状态，最后通过逻辑正确的数控系统的梯形图、数控机床的加工程序以及工业机器人的运行程序协同配合，达到数控机床与工业机器人的有效通信，从而保证整个制造岛安全高效运行。

知识储备

一、数控系统可编程逻辑控制器

系统中使用内装式可编程控制器（以下简称 PLC），省略了与 CNC 之间的外部接口连线，因此具有可靠性高、尺寸紧凑等优点。编辑软件支持梯形图编辑方式，不同 CNC 的 PLC，其程序容量、处理速度、功能指令以及非易失性存储区地址不同，本 CNC 的 PLC 规格见表 3-1。

表 3-1　CNC 的 PLC 规格

项　　目		规格
型号		980TD-PLC
编程语言		中文梯形图
编程软件		GSKCC. exe
程序级数		2
第一级程序执行周期		8ms
基本指令平均处理时间		<2μs
程序最大步数		5000 步
编程指令		基本指令+功能指令
编程地址	内部继电器地址(R)	R0000~R0999
	信息显示请求地址(A)	A0000~A0024
	定时器地址(T)	T0000~T0099
	计数器地址(C)	C0000~C0099
	数据表地址(D)	D0000~D0999
	保持型继电器地址(K)	K0000~K0039
	计数器预置值地址(DC)	DC0000~DC0099
	定时器预置值地址(DT)	DT0000~DT0099
	子程序地址(P)	P0000~P9999
	标记地址(L)	L0000~L9999
	机床→PLC 的地址(X)	X0000~X0029
	PLC→机床的地址(Y)	Y0000~Y0019
	CNC→PLC 的地址(F)	F0000~F0255
	PLC→CNC 的地址(G)	G0000~G0255

1. 输入/输出信号的处理

输入/输出信号的处理如图 3-1 所示，机床 I/O 端 X 信号和 NC 的 F 信号分别输入到 PLC 的机床侧输入存储器和 NC 侧输入存储器，直接被第一级程序采用；分别输入到机床侧同步输入存储器和 NC 侧同步输入存储器，被第二级程序采用。第一级程序和第二级程序的输出信号分别输出到 NC 侧输出存储器和机床侧输出存储器中，然后分别输出到 NC 和机床的 I/O 端。

NC 侧输入存储器、NC 侧输出存储器、机床侧输入存储器和机床侧输出存储器的信号状态由诊断界面显示，诊断号对应程序中的地址号。

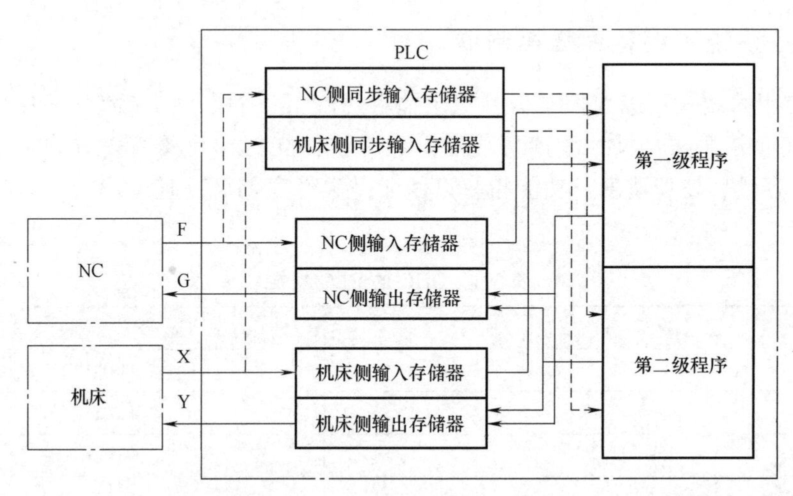

图 3-1　输入/输出信号的处理

（1）输入信号的处理

1）第一级程序中采用的输入信号。NC 侧输入存储器每隔 8ms 扫描并存储来自 NC 的 F 信号，执行一级程序时，直接引用这些信号的状态。机床侧输入存储器每隔 8ms 扫描并存储来自机床侧的输入信号 X，执行一级程序时直接引用这些信号。

2）第二级程序中采用的输入信号。PLC 第二级程序中的输入信号是经过锁存的第一级程序中的输入信号，第一级程序直接采用 F 信号和 X 信号，故第二级程序中的输入信号比第一级程序中的输入信号滞后，最长可滞后一个二级程序的执行周期。

3）第一级程序和第二级程序中输入信号状态的区别。在 PLC 读输入信号的过程中，即使是同一个输入信号，在第一级程序和第二级程序中的状态也有可能不同。因为 PLC 在执行时，第一级程序读 NC 侧输入存储器和机床侧输入存储器，而第二级程序读 NC 侧同步输入存储器和机床侧同步输入存储器，在第二级程序中的输入信号比第一级程序中的输入信号滞后，最长可滞后 8ms（一个二级程序的执行周期），如图 3-2 所示，在编制程序时需要注意这点。

第一个 8ms 时，X0001.0=1，执行第一级程序 Y0001.0=1。当开始执行第二级程序时，把 X0001.0=1 输入到同步输入存储器中，并执行二级程序分割后的第一块。

第二个 8ms 时，X0001.0=0，执行第一级程序 Y0001.0=0。接着执行第二级程序分割后的第二块，但此时 X0001.0 仍为上次同步输入存储器中的状态 1，故执行后 Y0002.3=1。

（2）输出信号的处理

1）输出到 NC 的信号。PLC 每隔 8ms 将输出信号传送至 NC 侧输出存储器中，NC 侧输出存储器直接将信号输出给 NC。

2）输出到机床的信号。PLC 直接将输出信号传送到机床侧输出存储器中，机床侧输出

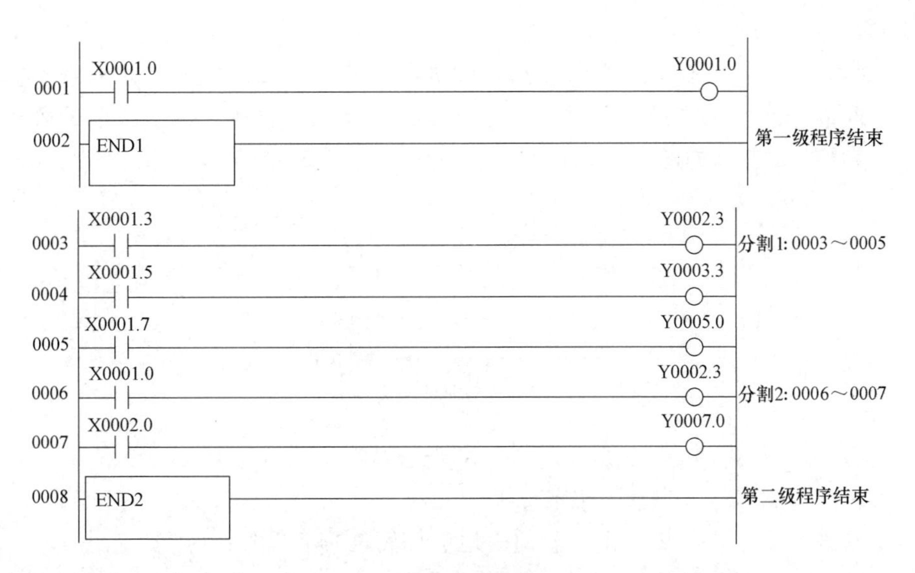

图 3-2　梯形图

存储器每隔 2ms 将信号输出给机床。

（3）对短脉冲信号的同步处理　一级程序仅用来处理短脉冲信号，但是当短脉冲信号的变化小于 8ms 时，即在执行一级程序时，输入信号状态有可能发生变化，有可能使程序错误执行，如图 3-3 所示。若开始时 X0001. 3＝0，使 Y0002. 3＝1 后，X0001. 3 马上变为 1，这时执行下一句梯形图，使得 Y0003. 3＝1，这样就会出现 Y0002. 3、Y0003. 3 同时为 1 的情况。为了避免发生这种情况，将短脉冲信号同步化处理，如图 3-4 所示。同步化处理后，当 X0001. 3＝1 时，Y0003. 3＝1，Y0002. 3＝0；当 X0001. 3＝0 时，Y0002. 3＝1，Y0003. 3＝0，不会出现 Y0003. 3、Y0002. 3 同时为 1 的情况。

图 3-3　短脉冲信号

图 3-4　短脉冲信号同步化

2. 地址

地址用来区分信号，不同的地址分别对应机床侧的输入/输出信号、CNC 侧的输入/输出信号、中间继电器、计数器、定时器、保持型继电器和数据表。每个地址编号由地址类型、地址号和位号组成，如图 3-5 所示。

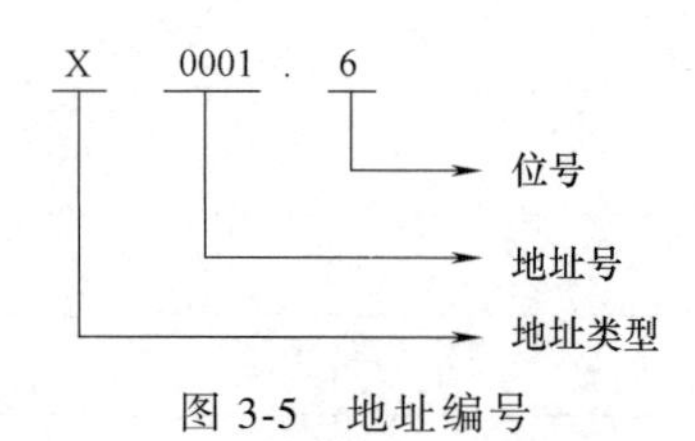

图 3-5　地址编号

地址类型：包括 X、Y、R、F、G、K、A、T、DT、DC、C、D、L、P。

地址号：十进制编号，表示一字节。

位号：八进制编号，0~7 分别表示前面地址号代表的字节的 0~7 位。

980TD 系统 PLC 的地址分固定地址和可定义地址。固定地址的信号定义不能更改，只能按 CNC 规定的信号定义来使用；可定义地址可以由用户根据实际需要定义不同的功能意义。地址类型说明见表 3-2。

表 3-2　地址类型说明

地址	地址说明	地址范围
X	机床→PLC	X0000~X0029
Y	PLC→机床	Y0000~Y0019
F	NC→PLC	F0000~F0255
G	PLC→NC	G0000~G0255
R	中间继电器	R0000~R0999
D	数据寄存器	D0000~D0999
C	计数器	C0000~C0099
T	定时器	T0000~T0099
DC	计数器预置值数据寄存器	DC0000~DC0099
DT	定时器预置值数据寄存器	DT0000~DT0099
A	信息显示请求信号	A0000~A0024
K	保持型继电器	K0000~K0039
L	跳转标号	L0000~L9999
P	子程序标号	P0000~P9999

注：地址 R0900~R0999、K0030~K0039 为 CNC 程序保留区，不能作为输出继电器使用。

（1）机床→PLC 的地址（X）　980TD 系统 PLC 的 X 地址分为两类：第一类地址（X0000.0~X0003.7）主要分配给 CNC 的 XS40 和 XS41 两个 I/O 端口，包括固定地址和可定义地址；第二类地址（X0020.0~X0026.7）分配给操作面板的输入键，均为固定地址。其余地址为保留地址，取值范围为：0、1。

I/O 端口上的 X 地址：

1）地址范围：X0000.0～X0003.7，分别分配给 CNC 的 XS40 和 XS41 两个 I/O 端口。

2）固定地址：X0000.3、X0000.5、X0001.3，分别对应 XDEC、ESP、ZDEC 信号，在 CNC 运行时可以直接引用这些信号，以供 CNC 识别，在连接时务必确认这些信号连接正确。

例如：ESP 信号的处理，可将信号接在 X0000.5 地址上，CNC 直接识别 X0000.5 地址上的信号，判断是否有急停信号；当通过 PLC 控制使 G8.4 信号有效时，CNC 也产生急停报警。即当检测到 X0000.5 为 0 时，CNC 产生急停报警；当 PLC 控制使 G8.4 为 0 时，CNC 产生急停报警，见表 3-3。

表 3-3　地址固定的输入信号

信号	符号	地址
急停信号	ESP	X0000.5
X 轴机械回零减速信号	XDEC	X0000.3
Z 轴机械回零减速信号	ZDEC	X0001.3

3）可定义地址：这部分地址由用户根据实际需要定义其功能，用来连接外部电气线路和编制梯形图。图 3-6 所示为 I/O 端口上的 X 地址分配图。

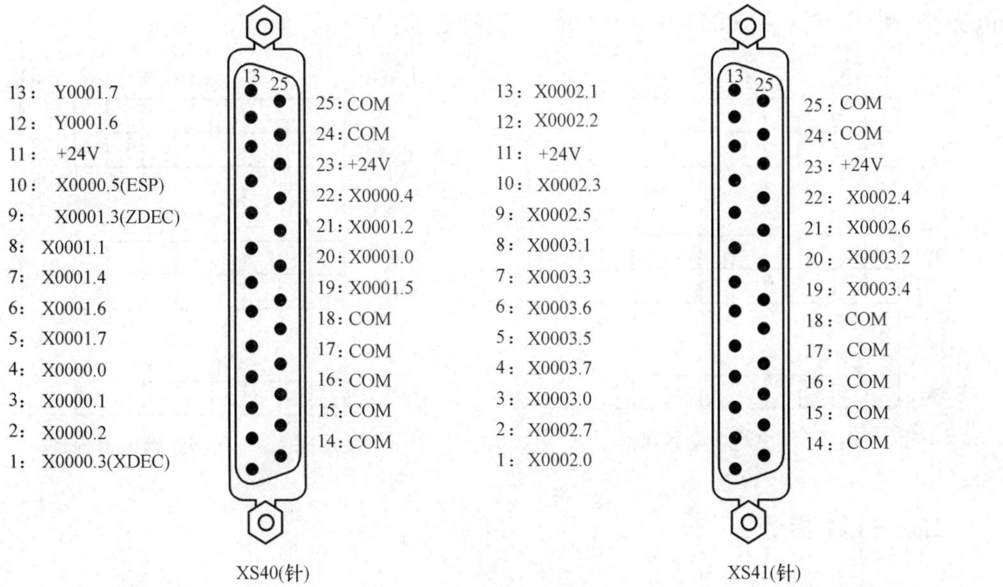

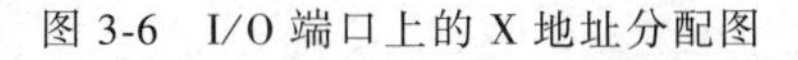

图 3-6　I/O 端口上的 X 地址分配图

（2）PLC→机床的地址（Y）　地址范围：Y0000.0～Y0003.7，它们分布在 CNC 的 XS42 和 XS39 两个 I/O 端口上，可由用户根据实际情况定义它们的信号含义，用来连接外部电气线路和编制梯形图。图 3-7 所示为 980TD 系统输出端口的地址分配图。

（3）NC→PLC 的地址（F）　地址范围：F0000.0～F0255.7；取值范围：0、1。

（4）PLC→NC 的地址（G）　地址范围：G0000.0～G0255.7；取值范围：0、1。

（5）中间继电器地址（R）　地址范围：R0000.0～R0999.7；取值范围：0、1，如图 3-8 所示。此地址区域在 CNC 上电时被清零。

（6）保持型继电器地址（K）　此地址区域用作保持型继电器和设定 PLC 参数、数据掉

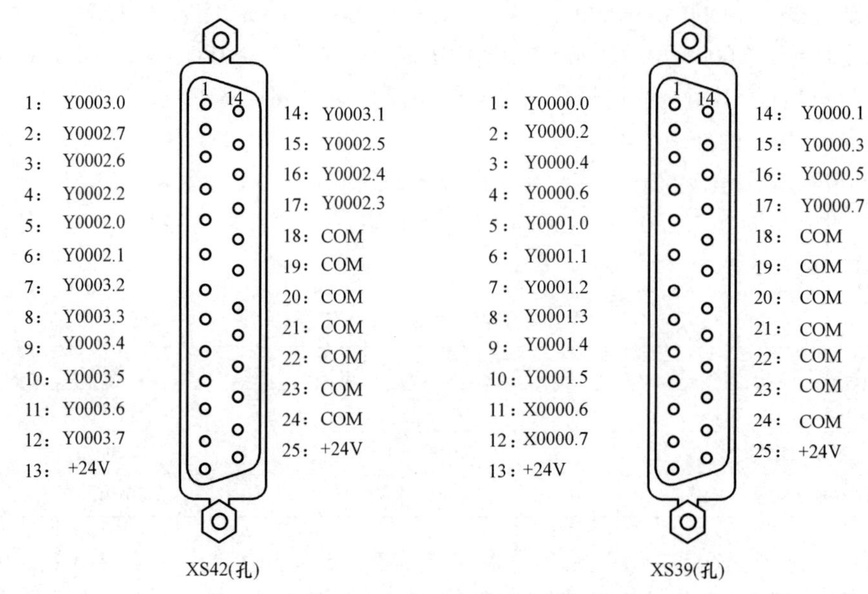

图 3-7　980TD 系统输出端口的地址分配图

电保存。地址范围：K0000.0~K0039.7；取值范围：0、1，如图 3-9 所示。

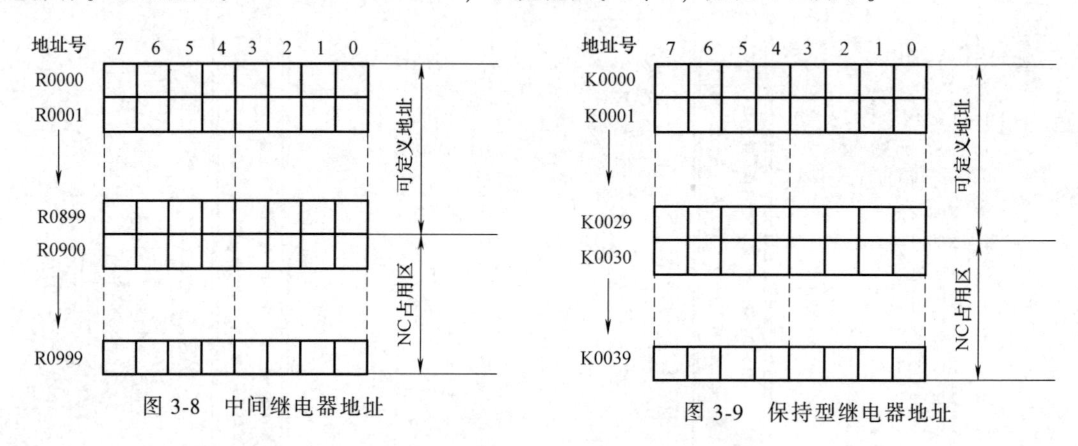

图 3-8　中间继电器地址

图 3-9　保持型继电器地址

二、PLC 指令

1. PLC 基本指令

基本指令是设计顺序程序时用得最多的指令，它们执行一位运算。PLC 基本指令见表 3-4。

表 3-4　PLC 基本指令

指令名	功　能	可操作元件
LD	读取常开触点状态	X、Y、F、G、R、K、A
LDI	读取常闭触点状态	X、Y、F、G、R、K、A
OUT	驱动输出线圈	Y、G、R、K、A
AND	常开触点串联	X、Y、F、G、R、K、A

（续）

指令名	功　能	可操作元件
ANI	常闭触点串联	X、Y、F、G、R、K、A
OR	常开触点并联	X、Y、F、G、R、K、A
ORI	常闭触点并联	X、Y、F、G、R、K、A
ORB	串联电路的并联	无
ANB	并联电路的串联	无

（1）LD、LDI、OUT 指令

1）助记符与功能（表 3-5）。

表 3-5　助记符与功能

助记符	功　能	梯形图符号
LD	读取常开触点状态	——┤├——
LDI	读取常闭触点状态	——┤/├——
OUT	驱动输出线圈	——○——┤

2）指令说明：

① LD、LDI 指令用于将触点连接到母线上，其他用法与后述的 ANB 指令组合，在分支起点处也可使用。

② OUT 指令是驱动输出继电器、中间继电器线圈的指令，不能用于输入继电器。并列的 OUT 指令能多次连续使用。

（2）AND、ANI 指令

1）助记符与功能（表 3-6）。

表 3-6　助记符与功能

助记符	功　能	梯形图符号
AND	常开触点串联	——┤├——┤├——
ANI	常闭触点串联	——┤├——┤/├——

2）指令说明：用 AND、ANI 指令可串联连接 1 个触点。串联触点数量不受限制，该指令可多次使用。

（3）OR、ORI 指令

1）助记符与功能（表 3-7）。

表 3-7　助记符与功能

助记符	功　能	梯形图符号
OR	常开触点并联	（两个常开触点并联后与一常开触点串联的梯形图）

（续）

助记符	功　　能	梯形图符号
ORI	常闭触点并联	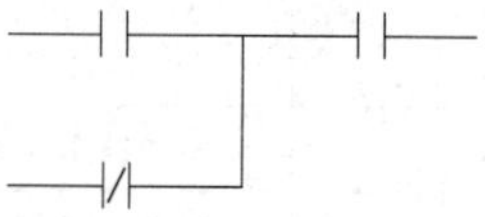

2）指令说明：

① 用 OR、ORI 指令可并联连接 1 个触点。由两个以上的触点串联连接的回路称为串联回路块。将这种串联回路块与其他回路并联连接时，采用后述的 ORB 指令。

② OR、ORI 是指从该指令的步开始，与前述的 LD、LDI 指令步进行并联连接。

（4）ORB 指令

1）助记符与功能（表 3-8）。

表 3-8　助记符与功能

助记符	功　　能	梯形图符号
ORB	串联电路的并联	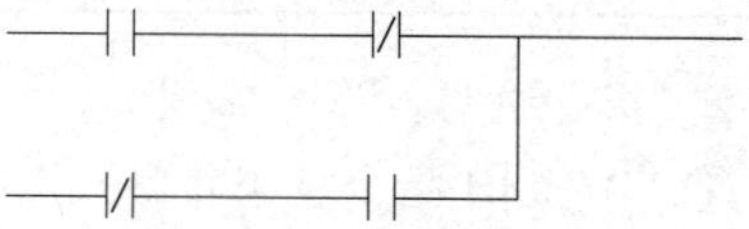

2）指令说明：

① 将串联回路块并列连接时，分支开始用 LD、LDI 指令，分支结束用 ORB 指令。

② ORB 指令是不带地址的独立指令。

（5）ANB 指令

1）助记符与功能（表 3-9）。

表 3-9　助记符与功能

助记符	功　　能	梯形图符号
ANB	并联电路的串联	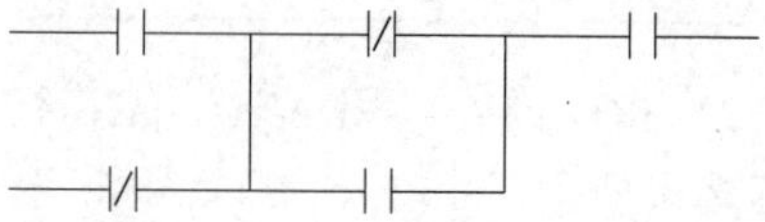

2）指令说明：

① 当分支回路（并联回路块）与前面的回路串联连接时，使用 ANB 指令。分支开始用 LD、LDI 指令，并联回路块结束后，使用 ANB 指令与前面的回路串联连接。

② ANB 指令是不带地址的独立指令。

2. PLC 功能指令

在使用基本指令难以完成某些功能要求时，可使用功能指令来实现。PLC 功能指令见表 3-10。

表 3-10　PLC 功能指令

指令名	功　　能	指令名	功　　能
END1	第一级程序结束	ROTB	二进制旋转控制
END2	第二级程序结束	DECB	二进制译码
SET	置位	CODB	二进制转换
RST	复位	JMPB	程序跳转
CMP	比较置位	LBL	程序跳转标号
CTRC	计数器	CALL	子程序调用
TMRB	定时器	SP	子程序标号
MOVN	数据复制	SPE	子程序结束
PARI	奇偶校验	DIFU	上升沿置位
ADDB	二进制数据相加	DIFD	下降沿置位
SUBB	二进制数据相减	MOVE	逻辑乘
ALT	交替输出		

由于本书着重介绍工业机器人与数控系统的通信，这里就不一一介绍 PLC 各个功能指令了，例如定时器、比较置位、计数器等功能指令在相关的 PLC 书籍中都有详细的讲解以及编程说明。下面重点介绍工业机器人与数控系统通信相关的功能指令——DECB（二进制译码）。

1）指令功能。DECB 可对二进制代码数据译码，所指的 8 位连续数据之一与代码数据相同时，对应的输出数据位为 1；没有相同的数时，输出数据为 0。此指令用于 M 或 T 功能的数据译码。

2）梯形图格式，如图 3-10 所示。

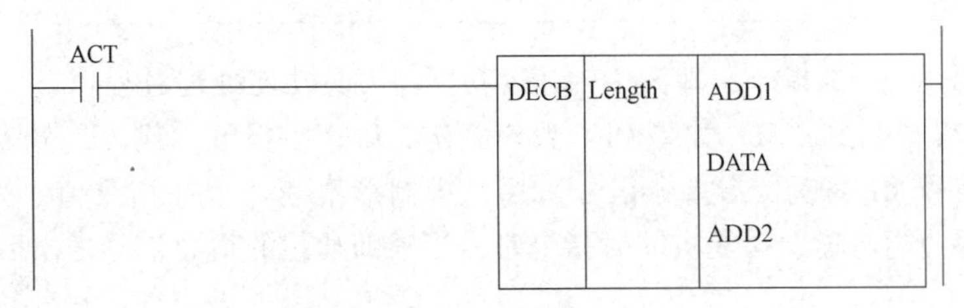

图 3-10　梯形图格式

3）控制条件

ACT =0（ADD2 的 8 个数据位全部复位）

=1（把译码地址 ADD1 的内容值，与以 DATA 开头的 8 个连续的数据相比较。若 ADD1 的内容值与 8 个数据中的任 1 个相等时，此相等的数据在这 8 个数据中排在第几位，则输出地址 ADD2 对应的第几位将被置 1）

4）相关参数

Length：指定 ADD1 地址的长度（1 字节、2 字节、4 字节）。

ADD1：译码起始地址，地址号为 R、X、Y、F、G、K、A、D、T、C、DC 以及 DT 等。

DATA：比较常数的基值。

ADD2：比较结果输出，地址号为 R、Y、G、K 以及 A 等。

5）程序示例，如图 3-11 所示。

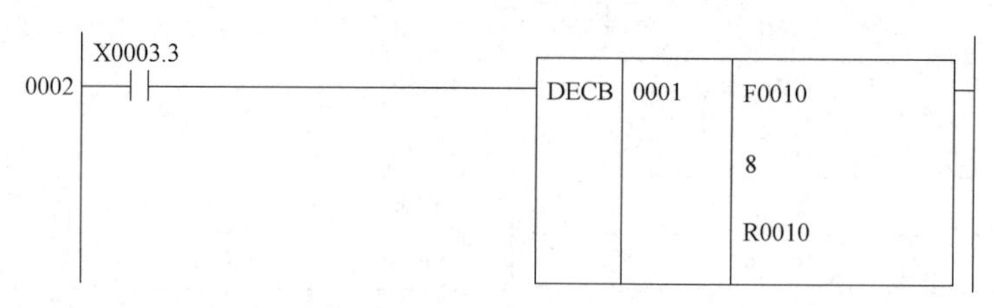

图 3-11　程序示例

当 X0003.3=1 时：

F0010=8 时，R0010.0=1；

F0010=9 时，R0010.1=1；

…

F0010=15 时，R0010.7=1

3. M、S、T 功能

当指定了地址 M、S、T 后面的最大 8 位数字时，对应的指令信号和选通信号被送给 PLC，PLC 根据这些信号的状态进行相关逻辑控制（表 3-11）。

表 3-11　M、S、T 功能

功能	程序地址	NC→PLC			结束信号（PLC→NC）
		指令信号	选通信号	分配结束信号	
辅助功能	M	M00~M31(F10~F13)	MF(F7.0)	DEN(F1.3)	FIN(G4.3)
主轴速度功能	S	S00~S31(F22~F25)	SF(F7.2)		
刀具功能	T	T00~T31(F26~F29)	TF(F7.3)		

将 M 指令改为 S、T 指令，即为主轴速度功能、刀具功能处理过程：

1）假定在程序中指定 M，如果 CNC 没有指定，则产生报警。代码信号 M00~M31 送给 PLC 后，选通信号 MF 置为 1，指令信号采用二进制形式表达程序指令值。如果移动暂停，主轴速度或其他功能与辅助功能被同时指令时，当辅助功能的指令信号送出后，开始执行其他功能。

2）当选通信号 MF 为 1 时，PLC 读取指令信号并执行相应的操作。如果一个程序段中有移动、暂停指令，若要辅助功能指令在移动、暂停指令执行完成之后才执行，则需要等待 DEN 信号变为 1。操作结束时，PLC 将结束信号 FIN 置为 1。结束信号用于辅助功能、主轴速度及刀具功能。如果这些功能同时运行，必须等到所有功能结束后，结束信号 FIN 才被置为 1，且必须持续一段时间，CNC 才将选通信号置为 0，并确认已收到结束信号。

3）当选通信号为 0 时，在 PLC 中才将 FIN 信号置为 0，CNC 将所有指令信号设定为 0，并结束辅助功能的全部顺序操作（执行主轴速度功能和刀具功能时，指令信号一直保持，直到有相应的新指令被指定为止）。

4）当同一程序段中的指令执行完成，CNC 就执行下一个程序段。

在实际应用中，当程序段中有一个辅助功能时，可以根据逻辑需要，选择以下控制时序，如图 3-12 所示。

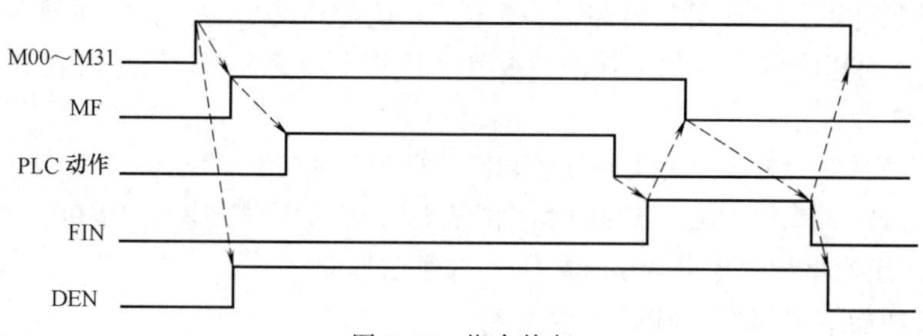

图 3-12　指令执行

4. 辅助功能（M 功能）

（1）辅助功能指令信号　M00~M31（F010~F013）。

（2）辅助功能选通信号　MF（F007.0）。

1）信号类型：NC→PLC。

2）信号功能：CNC 执行 M 指令后，NC 先将 M 指令通过 F10~F13 发送给 PLC，然后将 MF 也置为 1 传给 PLC 进行逻辑控制。有关输出条件和执行过程，请参看以上执行过程的说明。M 指令与指令信号编码对应关系见表 3-12。

表 3-12　M 指令与指令信号编码对应关系

F013,F012,F011,F010	M 指令
00000000,00000000,00000000,00000000	M00
00000000,00000000,00000000,00000001	M01
00000000,00000000,00000000,00000010	M02
00000000,00000000,00000000,00000011	M03
00000000,00000000,00000000,00000100	M04
00000000,00000000,00000000,00000101	M05
00000000,00000000,00000000,00000110	M06
00000000,00000000,00000000,00000111	M07
00000000,00000000,00000000,00001000	M08

3）注意事项：以下辅助功能指令在 CNC 程序中即使指令执行了也不被输出：① M98、M99；②调用子程序的 M 指令；③调用用户宏程序的 M 指令。

（3）M 译码信号　DM00（F009.7）、DM01（F009.6）、DM02（F009.5）、DM30（F009.4）。

1）信号类型：NC→PLC。

2）信号功能：当 CNC 执行 M00、M01、M02、M30 指令时，NC 将对应的译码信号 DM00、DM01、DM02、DM30 置为 1，见表 3-13。

表 3-13　信号功能

程序指令	对应的译码信号
M00	DM00
M01	DM01
M02	DM02
M30	DM30

3）注意事项：

① 在以下条件下，M 译码信号为 1：指定了对应的辅助功能，并且在同一程序段中完成了其他移动指令和暂停指令（如果移动指令和暂停指令结束前 NC 已经接收到 FIN 信号，则 M 译码信号不输出）。

② 在以下条件时，M 译码信号为 0：FIN 信号为 1 或复位时。

③ 执行 M00、M01、M02、M30 时，在输出对应的译码信号 DM00、DM01、DM02、DM30 的同时，还输出指令信号 M00～M31 和选通信号 MF。

（4）MST 功能结束信号　FIN（G004.3）。

1）信号类型：PLC→NC。

2）信号功能：当辅助功能、主轴速度功能、刀具功能执行结束后，PLC 将 FIN 信号置为 1，然后传给 NC。

3）信号地址如图 3-13 所示。

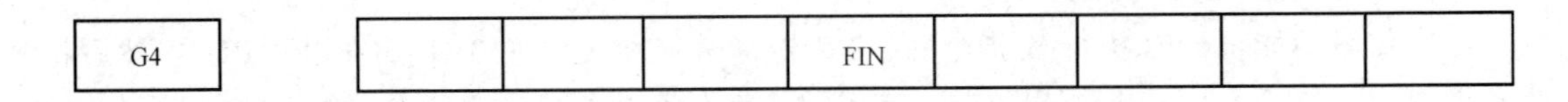

图 3-13　信号地址

5. GSKCC 软件说明

GSKCC 是 GSK-980TD 的配置软件，可在 Windows 98/2000/XP 操作系统下运行，编制 PLC 梯形图程序，设置 CNC 相关参数，以及将其存储为文件保存，并且用打印机打印 PLC 程序；可实现 PLC 梯形图程序编辑、刀具偏置、螺距补偿等参数的设置和零件加工程序的编辑功能，该软件界面简洁，易于使用，GSKCC 通过串行接口通信，可将当前工程数据下载至 CNC 或从 CNC 上传相关配置文件，如图 3-14 所示。

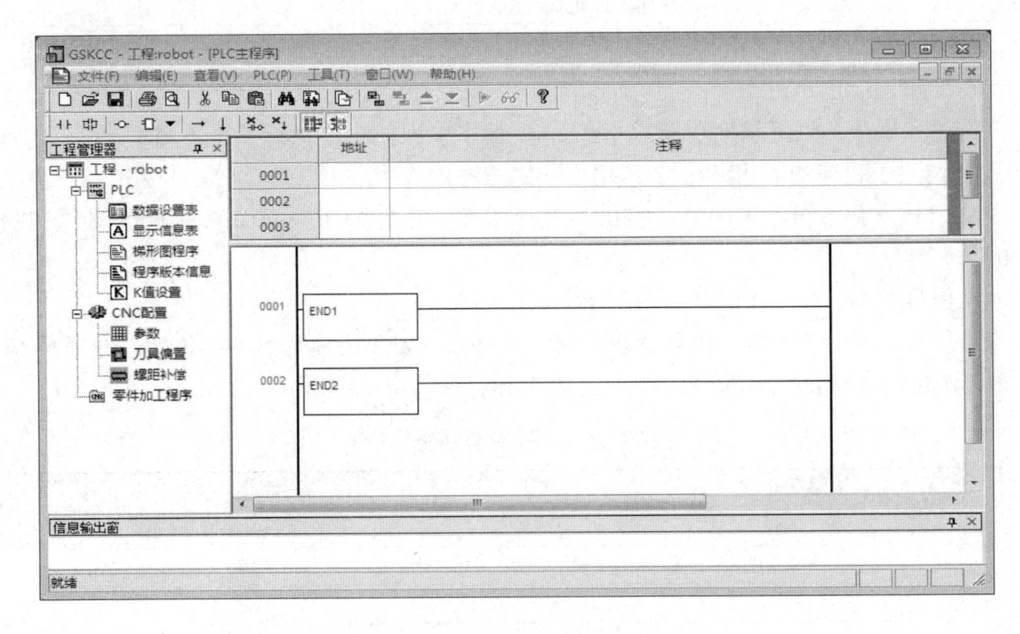

图 3-14　CNC 上传配置

利用 GSKCC 梯形图软件编写符合自动生产控制要求的梯形图程序，通过此程序实现数控机床与工业机器人快速地交换各自状态信息，并根据各自状态发出相应控制指令，以协调数控机床与工业机器人之间的装卸料动作时序，确保整个制造岛安全高效工作。

三、工业机器人控制器

工业机器人控制器如图 3-15 所示。

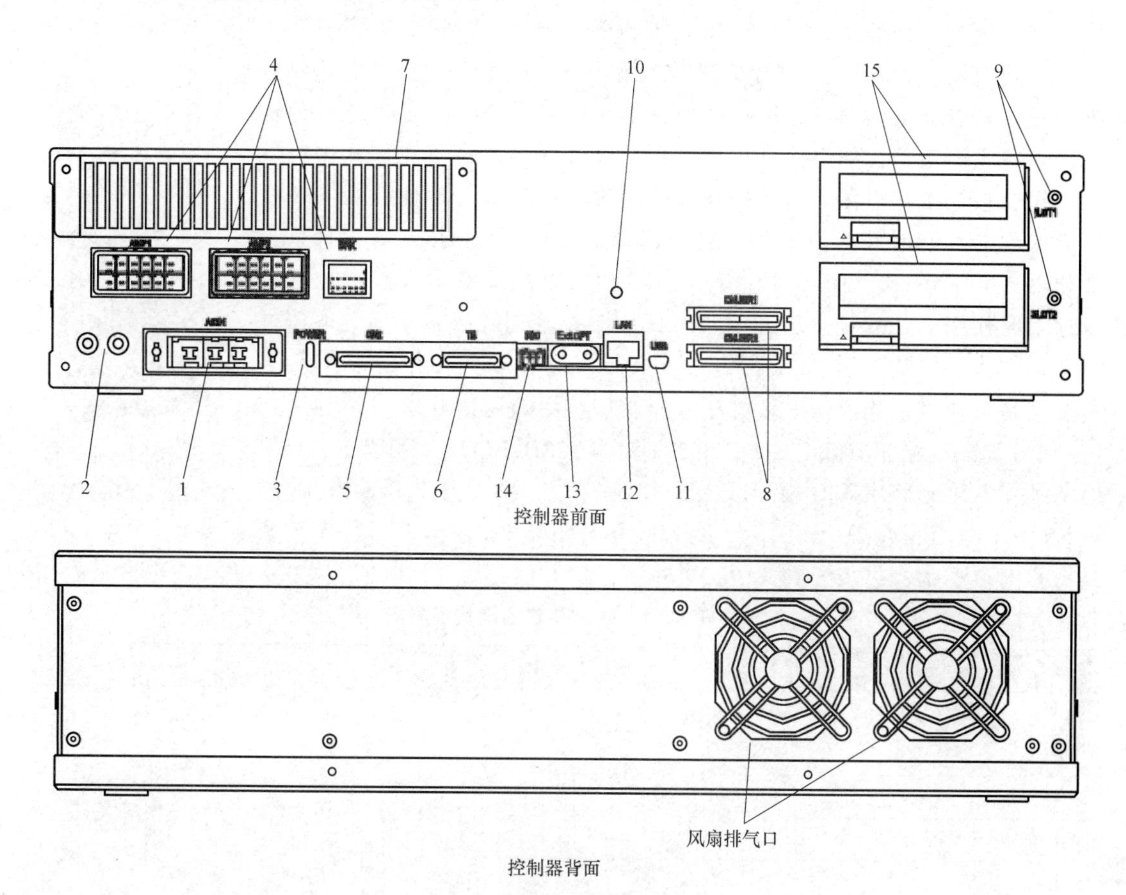

图 3-15　工业机器人控制器（CR751）

控制器（CR751）各部位的名称及功能如下：

1—ACIN 连接器（AC 电源输入用，附带插座外壳、端子）；

2—PE 端子（接地用，M4 螺栓、2 处）；

3—POWER 指示灯（控制电源，ON 时指示灯显示）；

4—电动机电源连接用连接器（AMP1、AMP2：电动机电源用；BRK：电动机制动闸用）；

5—电动机信号连接用连接器（CN2：电动机信号用）；

6—示教单元连接用连接器（TB）（R33TB：连接专用）；

7—过滤器盖板（空气过滤器、电池安装两用）；

8—CNUSR 连接器（工业机器人专用输入输出连接用，附带插头连接器 CNUSR1、CNUSR2）；

9—接地端子（至选购件卡的连接电缆接地用端子，M3 螺栓，上下 2 处）；

10—充电指示灯（用于确认拆卸盖板时的安全指示灯）；

11—USB 连接用连接器（USB 连接用）；

12—LAN 连接器（LAN 连接用）；

13—ExtOPT 连接器（附加轴连接用）；

14—RIO 连接器（扩展并行输入输出连接用）；

15—选购件插槽（选购件卡安装用插槽，未使用时安装盖板 SLOT1、SLOT2）。

工业机器人控制器与数控系统之间的信息通信有很多形式可以选择。可以根据通信的信息量进行选择：如果信息量很大，可以选择通信总线形式进行通信；如果信息量小，则可以选择 I/O 点对点形式进行通信。可以根据工业机器人与数控系统的品牌进行选择，例如欧系工业机器人如库卡、ABB 和西门子系统通信选择 Profibus、Modbus 等，日系工业机器人如 FANUC、三菱、川崎等与 FANUC 数控系统、三菱数控系统等通信时使用 cc-link 等。这里主要介绍以 I/O 点对点通过中间继电器进行通信方式，因为这种方式不受工业机器人品牌和数控系统品牌所限制，也是工业自动化通信中最可靠、应用最广泛的通信方式。

图 3-16　2D-TZ368（漏型）/2D-TD378（源型）并行输入/输出接口

并行输入/输出接口：2D-TZ368（漏型）/2D-TZ378（源型），如图 3-16 所示。通过将本 I/O 板卡安装到控制器上，再连接外部输入/输出电缆（2D-CBL05 或 2D-CBL15），可以使用外部输入/输出来与数控系统进行点对点通信，见表 3-14 和表 3-15。

表 3-14　输入电路的电气规格

<table>
<tr><th colspan="2">项　　目</th><th colspan="2">规　　格</th><th>内部电路</th></tr>
<tr><td colspan="2">形式</td><td colspan="2">DC 输入</td><td rowspan="13">＜漏型＞
+24V/+12V
(COM)
820Ω
输入
2.7kΩ
＜源型＞
2.7kΩ
输入
820Ω
0V(COM)</td></tr>
<tr><td colspan="2">输入点数</td><td colspan="2">32</td></tr>
<tr><td colspan="2">绝缘方式</td><td colspan="2">光电耦合器绝缘</td></tr>
<tr><td colspan="2">额定输入电压</td><td>DC12V</td><td>DC24V</td></tr>
<tr><td colspan="2">额定输入电流</td><td>约 3mA</td><td>约 9mA</td></tr>
<tr><td colspan="2">使用电压范围</td><td colspan="2">DC10.2～26.4V(波动率 5%以内)</td></tr>
<tr><td colspan="2">ON 电压/ON 电流</td><td colspan="2">DC8V 以上/2mA 以上</td></tr>
<tr><td colspan="2">OFF 电压/OFF 电流</td><td colspan="2">DC4V 以下/1mA 以下</td></tr>
<tr><td colspan="2">输入电阻</td><td colspan="2">约 2.7kΩ</td></tr>
<tr><td rowspan="2">响应时间</td><td>OFF-ON</td><td colspan="2">10ms 以下(DC24V)</td></tr>
<tr><td>ON-OFF</td><td colspan="2">10ms 以下(DC24V)</td></tr>
<tr><td colspan="2">公共端方式</td><td colspan="2">32 点 1 个公共端</td></tr>
<tr><td colspan="2">外线连接方式</td><td colspan="2">连接器</td></tr>
</table>

输出电路的保护熔体用于防止负载短路时或错误连接时发生故障。用户应注意所连接的负载电流不要超过最大额定电流。如果超过了最大额定电流，有可能导致内部晶体管破损。

表 3-15　输出电路的电气规格

项目		规格	内部电路
形式		晶体管输出	＜漏型＞ +24V/+12V 输出 0V 熔体 ＜源型＞ 熔体 +24V/+12V 输出 0V
输出点数		32	
绝缘方式		光电耦合器绝缘	
额定负载电压		DC12V/DC24V	
额定负载电压范围		DC10.2～30V(峰值电压 DC30V)	
最大负载电流		0.1A/1 点(100%)	
OFF 时泄漏电流		0.1nA 以下	
ON 时最大电压降		DC0.9V(TYP.)①	
响应时间	OFF-ON	10ms 以下(电阻负载)(硬件响应时间)	
	ON-OFF	10ms 以下(电阻负载)(硬件响应时间)	
额定熔体		熔体 1.6A(1 个公共端 1 个)可更换预备熔体(最多 3 个)	
公共端方式		16 点 1 个公共端(公共端端子:2 点)	
外线连接方式		连接器	
外部供应电源	电压	DC12/24V(DC10.2～30V)	
	电流	60mA(TYP. DC24V 每 1 个公共端)(基座驱动电流)	

① 这是将信号置为 ON 时的最大电压降值。应作为输出信号上连接设备的动作电压的参考。

将并行输入/输出接口安装到控制器上。安装到控制器的 I/O 板卡 SLOT 上时，将自动进行站号分配。

SLOT1：站号 0（0 ~ 31）；

SLOT2：站号 1（32 ~ 63）。

与并行输入/输出模块 2A-RZ361/2A-RZ371（图 3-17）并用的情况下，应注意不要与并行输入/输出接口的站号重复。

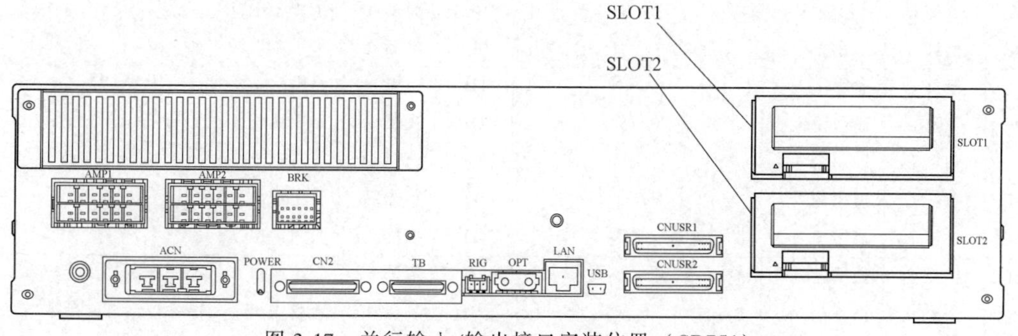

图 3-17　并行输入/输出接口安装位置（CR751）

并行输入/输出接口连接器针配置如图 3-18 所示。连接器的针编号及信号的分配：站号取决于所安装的插槽（表 3-16），通用输入/输出信号的分配范围是固定的。

安装在 SLOT1 中的并行输入/输出接口的连接器针编号及信号编号分配见表 3-17 和表 3-18。若安装在其他插槽中，应进行相应替换后使用。

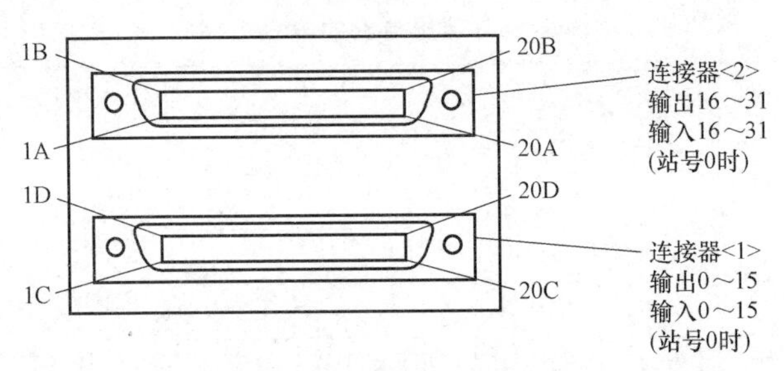

图 3-18　并行输入/输出接口连接器针配置

表 3-16　插槽编号与站号的关系

插槽编号	站号	通用输入/输出信号范围	
		连接器<1>	连接器<2>
SLOT1	0	输入:0~15 输出:0~15	输入:16~31 输出:16~31
SLOT2	1	输入:32~47 输出:32~47	输入:48~63 输出:48~63

表 3-17　连接器<1>的信号分配与外部输入/输出电缆 2D-CBL 的线色一览（SLOT1）

针编号	线色	功能名		针编号	线色	功能名	
		信号名	电源・公共端			信号名	电源・公共端
1C	橙红 a		0V:5D~20D 针用	1D	橙黑 a		12V/24V:50~20D 针用
2C	灰红 a		COM:5C~20C 针用①	2D	灰黑 a		空余
3C	白红 a		空余	3D	白黑 a		空余
4C	黄红 a		空余	4D	黄黑 a		空余
5C	桃红 a	通用输入 15		5D	桃黑 a	通用输出 15	
6C	橙红 b	通用输入 14		6D	橙黑 b	通用输出 14	
7C	灰红 b	通用输入 13		7D	灰黑 b	通用输出 13	
8C	白红 b	通用输入 12		8D	白黑 b	通用输出 12	
9C	黄红 b	通用输入 11		9D	黄黑 b	通用输出 11	
10C	桃红 b	通用输入 10		10D	桃黑 b	通用输出 10	
11C	橙红 c	通用输入 9		11D	橙黑 c	通用输出 9	
12C	灰红 c	通用输入 8		12D	灰黑 c	通用输出 8	
13C	白红 c	通用输入 7		13D	白黑 c	通用输出 7	
14C	黄红 c	通用输入 6		14D	黄黑 c	通用输出 6	
15C	桃红 c	通用输入 5	操作权输入信号②	15D	桃黑 c	通用输出 5	
16C	橙红 d	通用输入 4	伺服 ON 输入信号②	16D	橙黑 d	通用输出 4	
17C	灰红 d	通用输入 3	启动输入②	17D	灰黑 d	通用输出 3	操作权输出信号②
18C	白红 d	通用输入 2	出错复位输入信号②	18D	白黑 d	通用输出 2	出错发生中输出信号②
19C	黄红 d	通用输入 1	伺服 OFF 输入信号②	19D	黄黑 d	通用输出 1	伺服 ON 输出信号②
20C	桃红 d	通用输入 0	停止输入③	20D	桃黑 d	通用输出 0	运行中输出②

① 漏型 12V/24V（COM），源型 0V（COM）。
② 出厂时分配有专用信号，可通过参数进行更改。
③ 出厂时分配有专用信号（停止），信号编号固定。

表 3-18　连接器<2>的信号分配与外部输入/输出电缆 2D-CBL 的线色一览（SLOT1）

针编号	线色	功能名		针编号	线色	功能名	
		信号名	电源·公共端			信号名	电源·公共端
1A	橙红 a		0V:5B~20B 针用	1B	橙黑 a		12V/24V:5B~20B 针用
2A	灰红 a		COM:5A~20A 针用①	2B	灰黑 a		空余
3A	白红 a		空余	3B	白黑 a		空余
4A	黄红 a		空余	4B	黄黑 a		空余
5A	桃红 a	通用输入 31		5B	桃黑 a	通用输出 31	
6A	橙红 b	通用输入 30		6B	橙黑 b	通用输出 30	
7A	灰红 b	通用输入 29		7B	灰黑 b	通用输出 29	
8A	白红 b	通用输入 28		8B	白黑 b	通用输出 28	
9A	黄红 b	通用输入 27		9B	黄黑 b	通用输出 27	
10A	桃红 b	通用输入 26		10B	桃黑 b	通用输出 26	
11A	橙红 c	通用输入 25		11B	橙黑 c	通用输出 25	
12A	灰红 c	通用输入 24		12B	灰黑 c	通用输出 24	
13A	白红 c	通用输入 23		13B	白黑 c	通用输出 23	
14A	黄红 c	通用输入 22		14B	黄黑 c	通用输出 22	
15A	桃红 c	通用输入 21		15B	桃黑 c	通用输出 21	
16A	橙红 d	通用输入 20		16B	橙黑 d	通用输出 20	
17A	灰红 d	通用输入 19		17B	灰黑 d	通用输出 19	
18A	白红 d	通用输入 18		18B	白黑 d	通用输出 18	
19A	黄红 d	通用输入 17		19B	黄黑 d	通用输出 17	
20A	桃红 d	通用输入 16		20B	桃黑 d	通用输出 16	

① 漏型 12V/24V（COM），源型 0V（COM）。

四、工业机器人常用初始化及动作控制指令

在工业机器人自动运行模式中初始化指令是必须要有的，因为自动模式运行时伺服上电及工业机器人本体上电是通过这些初始化指令来完成的，如果缺少就会出现程序运行报警。工业机器人的动作控制指令是工业机器人运行时使用最频繁的指令，包括关节插补指令、直线插补指令、圆弧插补指令、速度控制指令、抓手动作控制指令和动作延时指令等。

五、外部信号的输出/输入指令

1. 等待信号输入指令

该指令可以读取由 PLC 等的外部机器输入的信号，是确认工业机器人（系统）状态变量［M_In( )等］所使用的输入信号。

（1）指令格式

（2）指令说明

Wait：输入信号在转变成制订状态前待机。

系统状态变量（工业机器人状态变量）有：M_In、M_Inb、M_Inw、M_DIn。

（3）程序实例

Wait M_In(1)=1　输入信号位 1 到开启前待机

M1=M_Inb(20)　在数值变量 M1 中将输入信号位以 20~27 的 8 个位的状态为数值代入

M1=M_Inw(5)　在数值变量 M1 中将输入信号位以 5~20 的 16 个位的状态为数值代入

2. 信号输出指令

该指令可以将工业机器人信号输出到 PLC 等外部机器，是确认工业机器人（系统）状态变量［M_Out( )等］所使用的输入信号。

（1）指令格式

（2）指令说明

Clr：以参数的输入/输出信号复位为基础，将通用输出信号清除。

系统状态变量（工业机器人状态变量）有 M_Out、M_Outb、M_Outw、M_DOut。

（3）程序实例

```
Clr 1                    输出复位模式为基础清除
M_Out(1)=1               将输出信号位开启
M_Outb(8)=0              将输出信号位 8~15 的 8 个位关闭
M_Outw(20)=0             将输出信号位 20~35 的 16 个位关闭
M_Out(1)=1Dly0.5         将输出信号位在 0.5s 内开启(脉冲输出)
M_Outb(10)=&H0F          将输出信号位 10~13 的 4 个位开启,14~17 的 4 个位关闭
```

以上所介绍的工业机器人指令是工业机器人与数控机床配合协同工作时经常使用的一些指令。

实际上工业机器人的编程指令非常丰富，控制器运算能力强大，这使得工业机器人可以实现很多复杂的工作。表 3-19 列出了工业机器人的全部指令。

表 3-19　工业机器人的全部指令

类型	分类	功能	输入格式
位置/动作控制	关节差补	通过关节差补移动至指定位置	Mov P1
	直线差补	通过直线差补移动至指定位置	Mvs P1
	圆弧差补	在指定圆弧(起点→通过点→起点/终点)上以 3 次元圆弧差补执行动作(360°)	Mvc P1,P2,P1
		在指定圆弧(起点→通过点→终点)上以 3 次元圆弧差补执行动作	Mvr P1,P2,P3
		在指定圆弧(起点→参考点→终点)相反侧的圆弧上以 3 次元圆弧差补执行动作	Mvr2 P1,P9,P3
		在指定圆弧(起点→终点)上以 3 次元圆弧差补执行动作	Mvr3 P1,P9,P3
	速度指定	将所有差补动作时的速度以比例进行指定(0.1%单位)	Ovrd 100
		将关节差补动作时的速度以比例(0.1%单位)进行指定	JOvrd 100
		将直线、圆弧差补时的速度以数值(mm/s 单位)进行指定	Spd 123.5
		对预先确定了加速、减速时间的最高加/减速度以比例进行指定(1%单位)	Accel 50,80
		以参数的设置值为基础,进行加减速度的自动调节	Oadl On
		对执行加/减速度的自动调节时的抓手、工件的条件进行设置	LoadSet 1,1

（续）

类型	分类	功能	输入格式
位置/动作控制	动作	对动作附加无条件处理	Wth
		对动作附加带条件处理	WthIf
		对圆滑动作进行指定	Cnt 1,100,200
		根据用途指定最佳动作模式（生产厂商标准、高速定位、航迹优先、振动抑制）	MvTune 4
		将定位完成条件以脉冲数进行指定	Fine 200
		将定位完成条件以直线距离进行指定	Fine 1, P
		以全部轴为对象，将伺服电源置为ON/OFF	Servo Off
		对每个轴进行动作限制，防止超过指定的转矩	Torq 4,10
	位置控制	对基座转换数据进行指定	Base P1
		对工具转换数据进行指定	Tool P1
	浮动控制	降低工业机器人机械臂的刚性，增加轴的柔性（直交坐标系）	Cmp Pos ,&B00000011
		降低工业机器人机械臂的刚性，增加柔性（关节坐标系）	Cmp Jnt ,&B00000011
		降低工业机器人机械臂的刚性，增加轴的柔性（ 工具坐标系）	Cmp Tool ,&B00000011
		将工业机器人机械臂的刚性恢复为普通状态	Cmp Off
		对工业机器人机械臂的刚性进行指定	CmpG 1.0,1.0,1.0,1.0,1.0,1.0,1.0,1.0
	托盘	对托盘进行定义	Def Plt 1,P1,P2,P3,P4,5,3,1
		对托盘的网格点位置进行运算	Plt 1,M1
	特殊点	将特殊点以直线差补进行通过	Mvs P1 Type 0,2
程序控制	分支	向指定目标进行无条件分支	GoTo *LBL
		通过指定条件进行分支	If M1=1 Then GoTo *L100 Else GoTo *L200 EndIf
		重复直至满足指定结束条件为止	For M1=1 To 10 Next M1
		在满足指定条件期间进行重复	While M1<10 WEnd
		对指定的公式值进行对应分支	On M1 GoTo *La1, *Lb2, *Lc3
		执行指定的公式值对应的程序块	Select Case 1 Break Case 2 Break End Select
		将程序的处理移至下一行	Skip

（续）

类型	分类	功能	输入格式
程序控制	碰撞检测	对碰撞检测的有效/无效进行切换	ColChk On/Off
		对碰撞检测等级进行设置	ColLvl 100,80……
	子程序	执行指定子程序(程序内)	GoSub ＊L200
		从子程序返回	Return
		执行指定程序	CallP "P10",M1,P1
		对通过CALLP指令执行的程序的自变量进行定义	FPrm M10,P10
		执行指定的公式值对应的子程序	On M1 GoSub＊La1, ＊La2, ＊La3
	中断	对中断的条件及其处理进行定义	Def Act 1, M1=1 GoTo ＊L123
		对中断进行允许/禁止	Act 1=1
		当发生了来自于通信线路的中断时，执行程序的开始行进行定义	On Com(1) GoSub ＊LABC
		允许来自于通信线路的中断	Com (1) On
		禁止来自于通信线路的中断	Com (1) Off
		停止来自于通信线路的中断	Com (1) Stop
	待机	指定等待时间以及输出信号的脉冲输出时间(0.01s单位)	Dly 0.5
		在变为变量指定的值之前待机	Wait M_In(20)=1
	停止	中止程序的执行	Hlt
		发生出错。可以对程序执行进行继续、停止、伺服OFF的指定	Error 9000
	结束	结束程序的执行	End
抓手	抓手开	张开指定抓手	HOpen 1
	抓手闭	闭合指定抓手	HClose 1
输入/输出	分配	对输入/输出变量进行定义	Def IO PORT1=Bit,99
	输入	对通用输入信号进行获取	M1=M_In(78)
	输出	发出通用输出信号	M_Out(23)=0
并行执行	机械的指定	获取指定机械编号的机械	GetM 1
		开放指定机械编号的机械	RelM
	选择	对指定插槽选择指定程序	XLoad 2,"P102"
	启动/停止	并行执行指定程序	XRun 3,"100",0
		中止指定程序的并行执行	XStp 3
		将指定程序的执行行返回至起始行并置为程序选择允许状态	XRst 3
其他	定义	对整数型或者实数型变量进行定义	Def Inte KAISUU
		对字符串变量进行定义	Def Char MESSAGE
		对排列变量进行定义(最多可达3次元)	Dim PDATA(2,3)

（续）

类型	分类	功能	输入格式
其他	定义	对关节变量进行定义	Def Jnt TAIHI
		对位置变量进行定义	Def Pos TORU
		对函数进行定义	Def FN TASU(A,B)= A+B
	清除	对通用输出信号、程序内变量、程序间变量等进行清除	Clr 1
	文件	打开文件	Open "COM1:" As #1
		关闭文件	Close #1
		从文件输入数据	Input# 1,M1
		对文件进行数据输出	Print# 1,M1
	注释	对注释进行记述	Rem "ABC"
	标签	对分支目标进行明示	* SUB1

六、中间继电器

在设计机床的数控系统与工业机器人控制器之间的 I/O 通信电路图之前，首先了解典型的中间继电器的作用。

恰当、合理地使用中间继电器，是控制系统可靠工作的基础，也是控制系统实现智能操作的重要前提。

中间继电器（Intermediate Relay，图 3-19）：用于继电保护与自动控制系统中，以增加触点的数量及容量，用于在控制电路中传递中间信号。中间继电器的结构和原理与交流接触器基本相同，与接触器的主要区别在于：接触器的主触点可以通过大电流，而中间继电器的触点只能通过小电流，所以只能用于控制电路中。中间继电器一般是没有主触点的，因为它过载能力比较小，所以用的全部都是辅助触点，且数量比较多。现行国家标准对中间继电器的文字符号是 K。中间继电器一般由直流电源供电，少数使用交流电源供电。

图 3-19 中间继电器

中间继电器在控制电路中的常见作用如下：

1. 代替小型接触器

中间继电器的触点具有一定的带负载能力，当负载容量比较小时，用来替代小型接触器使用，如电动卷闸门和一些小家电的控制。它的优点是不仅可以起到控制的目的，而且可以节省空间，使电器的控制部分做得比较精致。

2. 增加触点数量

这是中间继电器最常见的用法。在电路控制系统中一个接触器的触点 A 需要控制多个接触器或其他元件时，在电路中增加一个中间继电器，不仅不会改变控制形式，而且便于维修。

3. 增加触点容量

中间继电器的触点容量虽然不是很大，但也具有一定的带负载能力，同时其驱动所需要的电流又很小，因此可以用中间继电器来扩大触点容量。如一般不能直接用感应开关、晶体管的输出去控制负载比较大的电气元件，而是在控制电路中使用中间继电器，通过它来控制其他负载，达到扩大控制容量的目的。

4. 转换触点类型

在工业控制电路中，常常会出现这样的情况，控制要求需要使用接触器的常闭触点才能达到控制目的，但是接触器本身所带的常闭触点已经用完，无法完成控制任务。这时可以将一个中间继电器与原来的接触器线圈并联，用中间继电器的常闭触点去控制相应的元件，转换触点类型，从而达到控制目的。

5. 用作开关

一些控制电路中电气元件的通断常常使用中间继电器，通过其触点的开闭来进行控制。如显示器中常见的自动消磁电路，用晶体管控制中间继电器的通断，从而达到控制消磁线圈通断的作用。

6. 消除电路中的干扰

在控制电路中虽然有各种各样的干扰抑制措施，但干扰现象还是或多或少地存在着。如果机床数控系统的I/O输入点直接与工业机器人的控制器输出相连，则两个控制系统的电路系统就会存在电路耦合现象，电路中存在很小的感应电流，而PLC所需输入电流也很小，当感应电流大于PLC所需输入电流时，就会使PLC的控制出现误动作。也就是说，此时虽然没有输出指令，但PLC也会输出相应的动作。这时可以在控制电路中串联一个小型中间继电器，一般的感应电流不会引起中间继电器动作，从而给PLC提供正常的输入信号，达到消除干扰的目的。

任务实施

一、任务准备

实施本任务教学所使用的实训设备及工具材料可参考表3-20。

表3-20 实训设备及工具材料

序号	分类	名称	型号/规格	数量	单位	备注
1	工具	电工常用工具		1	套	
2	设备器材	计算机		1	台	
3		数控车床	数控系统980TD	1	套	
4		工业机器人	三菱7FLL	1	套	
5		中间继电器		2	个	

二、通信电路的设计

1）在设计电路之前，首先必须分别定义数控系统和工业机器人的I/O信号点含义。地址表见表 3-21。

表 3-21　地址表

对应 DB 头引脚	PLC 地址	PLC 地址定义的功能	工业机器人地址	对应分线器引脚
XS40. 4	X0. 0	3 号刀具反馈信号		
XS40. 3	X0. 1	4 号刀具反馈信号		
XS40. 2	X0. 2	液压尾座压力继电器		
XS40. 1	X0. 3	X 轴回零减速信号		
XS40. 22	X0. 4	气动门开到位检测信号		
XS40. 10	X0. 5	急停信号		
XS39. 11	X0. 6			
XS39. 12	X0. 7	刀架锁紧信号		
XS40. 20	X1. 0	卡盘松开压力继电器		
XS40. 8	X1. 1	循环启动		
XS40. 21	X1. 2	气动门关到位检测信号		
XS40. 9	X1. 3	Z 轴回零减速信号		
XS40. 7	X1. 4	进给保持		
XS40. 19	X1. 5	卡盘夹紧压力继电器		
XS40. 6	X1. 6	1 号刀具反馈信号		
XS40. 5	X1. 7	2 号刀具反馈信号		
XS41. 1	X2. 0	工业机器人控制卡盘松开	Out15	5D
XS41. 13	X2. 1	工业机器人控制卡盘夹紧	Out14	6D
XS41. 12	X2. 2	工业机器人控制门关	Out13	7D
XS41. 10	X2. 3	工业机器人控制门开	Out12	8D
XS41. 22	X2. 4	工业机器人换料完成	Out11	9D
XS41. 9	X2. 5	工业机器人控制尾座前进	Out10	10D
XS41. 21	X2. 6	工业机器人控制尾座后退	Out9	11D
XS41. 2	X2. 7	工业机器人急停报警检测	Out8	12D
XS41. 3	X3. 0	工业机器人进入机床工作区	Out7	13D
XS41. 8	X3. 1	备用	Out6	14D
XS41. 20	X3. 2	备用	Out5	15D
XS41. 7	X3. 3	卡盘夹紧控制		
XS41. 19	X3. 4	卡盘松开控制		
XS41. 5	X3. 5	尾座前进控制		
XS41. 6	X3. 6	尾座后退控制		
XS41. 4	X3. 7			

（续）

对应 DB 头引脚	PLC 地址	PLC 地址定义的功能	工业机器人地址	对应分线器引脚
XS39.1	Y0.0	绿灯		
XS39.14	Y0.1	红灯		
XS39.2	Y0.2	尾座前进		
XS39.15	Y0.3	冷却		
XS39.3	Y0.4	主轴反转		
XS39.16	Y0.5	主轴停止		
XS39.4	Y0.6	卡盘夹紧		
XS39.17	Y0.7	主轴制动		
XS39.5	Y1.0			
XS39.6	Y1.1	润滑		
XS39.7	Y1.2	主轴正转		
XS39.8	Y1.3	液压系统控制		
XS39.9	Y1.4	尾座后退		
XS39.10	Y1.5	卡盘松开		
XS40.12	Y1.6	刀架正转		
XS40.13	Y1.7	刀架反转		
XS42.5	Y2.0	防护门关限位	In15	5C
XS42.6	Y2.1	防护门开限位	In14	6C
XS42.4	Y2.2	卡盘松开到位	In13	7C
XS42.17	Y2.3	卡盘夹紧到位	In12	8C
XS42.16	Y2.4	呼叫工业机器人换料	In11	9C
XS42.15	Y2.5	尾座前进到位输出	In10	10C
XS42.3	Y2.6	尾座后退到位输出	In9	11C
XS42.2	Y2.7	机床急停报警输出	In8	12C
XS42.1	Y3.0	主轴停止输出	In7	13C
XS42.14	Y3.1	备用	In6	14C
XS42.7	Y3.2	备用	In5	15C
XS42.8	Y3.3	系统压力(气动门)		
XS42.9	Y3.4	气动门关		
XS42.10	Y3.5	气动门开		
XS42.11	Y3.6			
XS42.12	Y3.7			

2）根据以上规定信号设计相应的电气信号原理图，如图 3-20～图 3-24 所示。

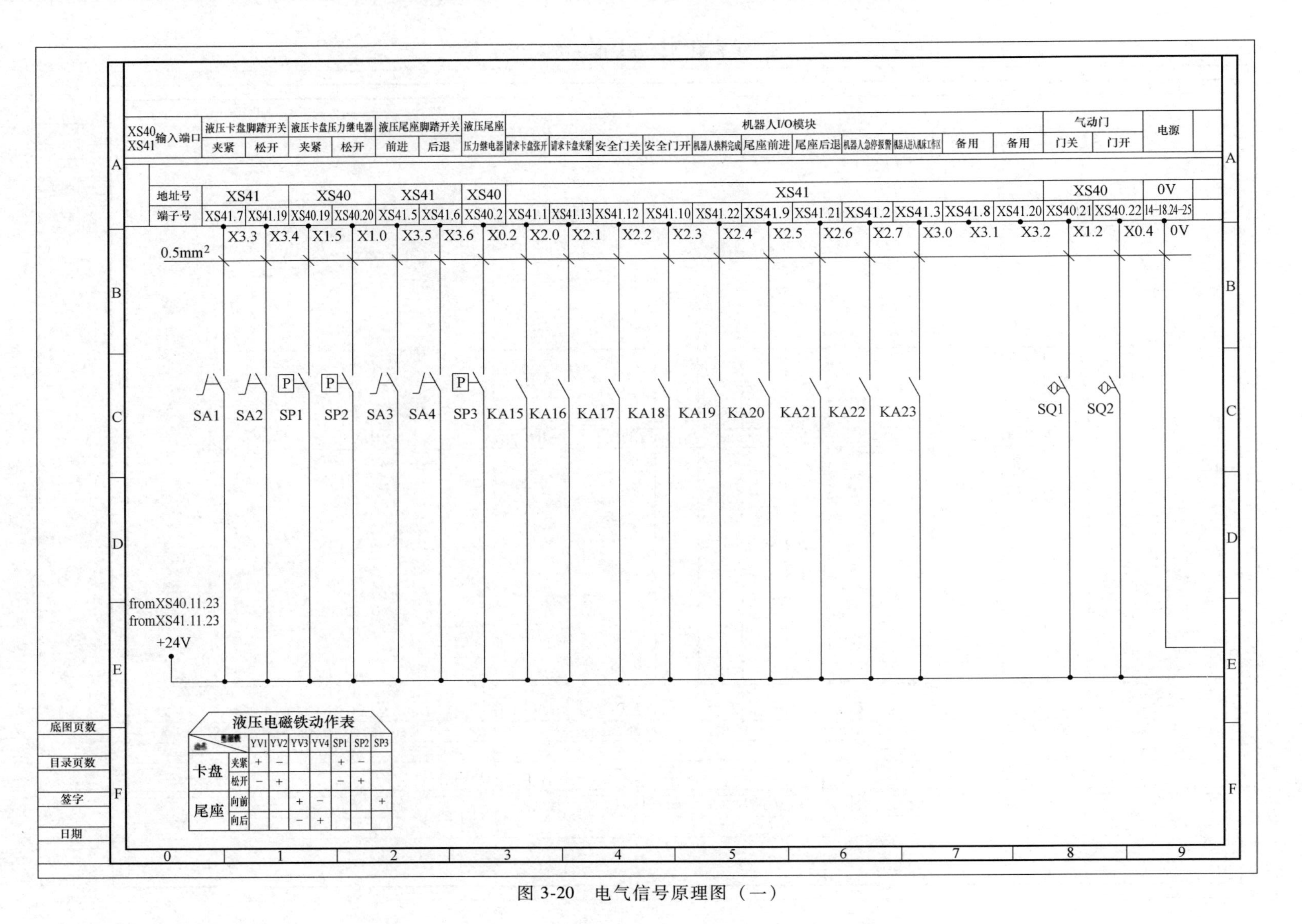

图 3-20　电气信号原理图（一）

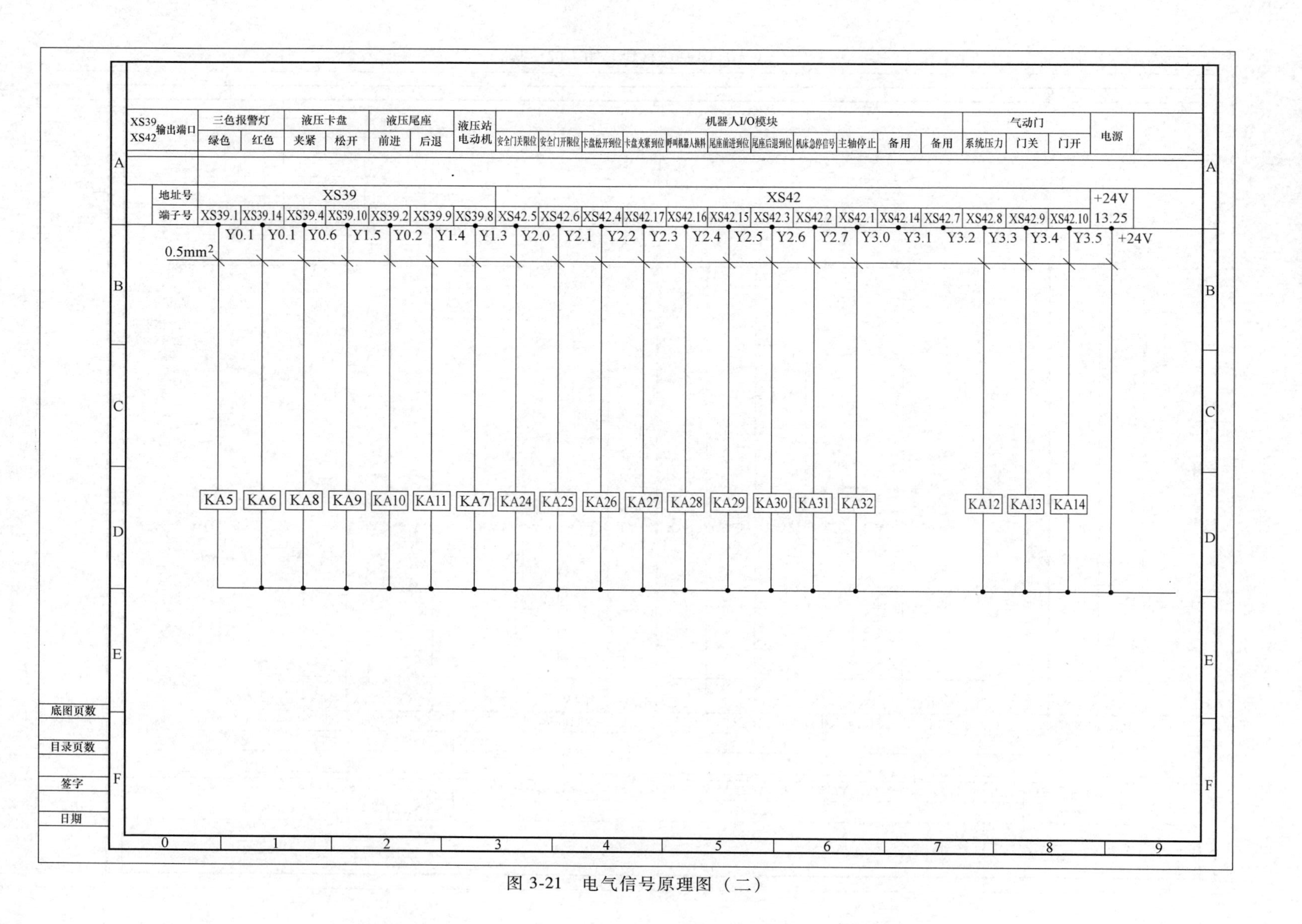

图 3-21 电气信号原理图（二）

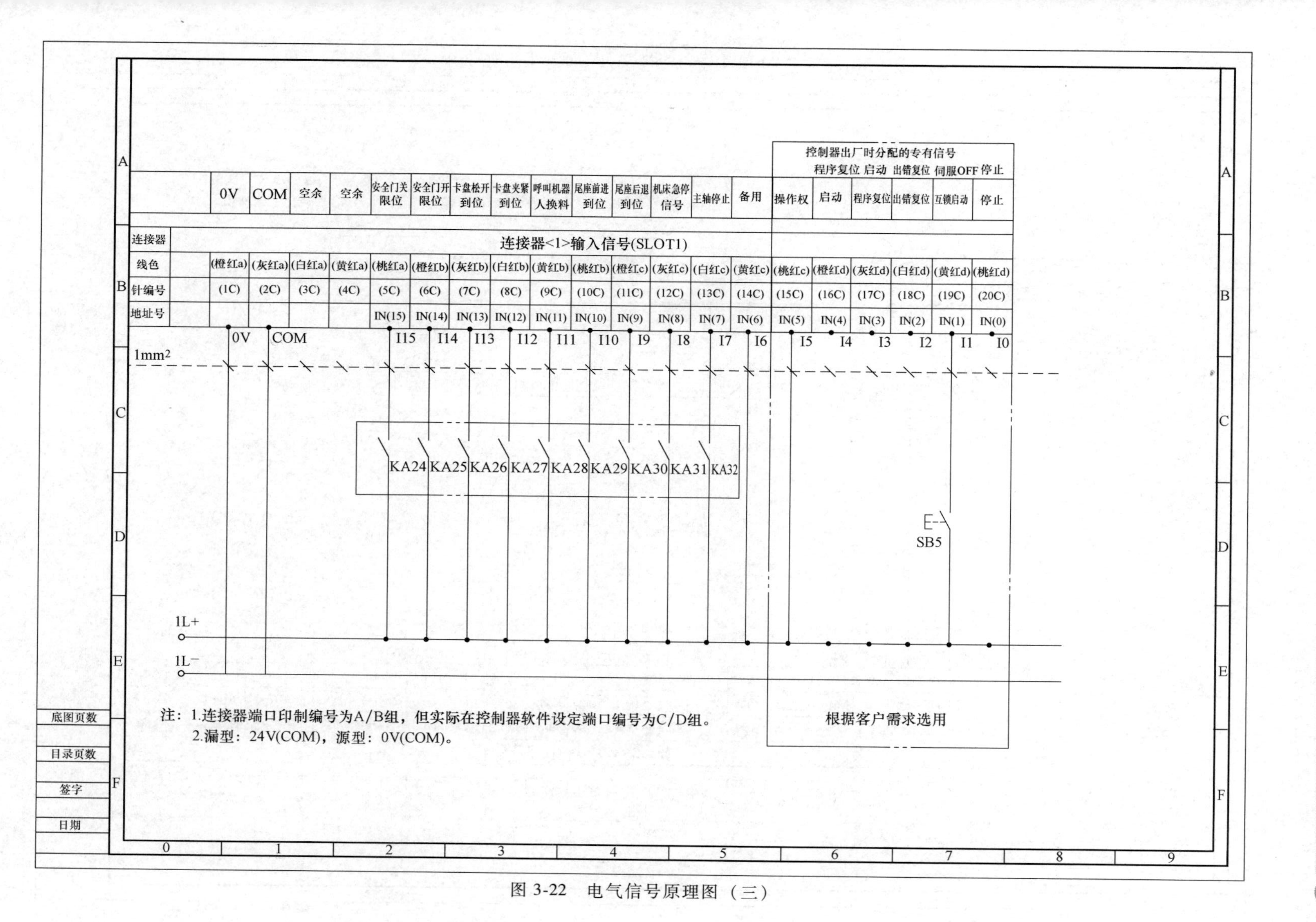

图 3-22　电气信号原理图（三）

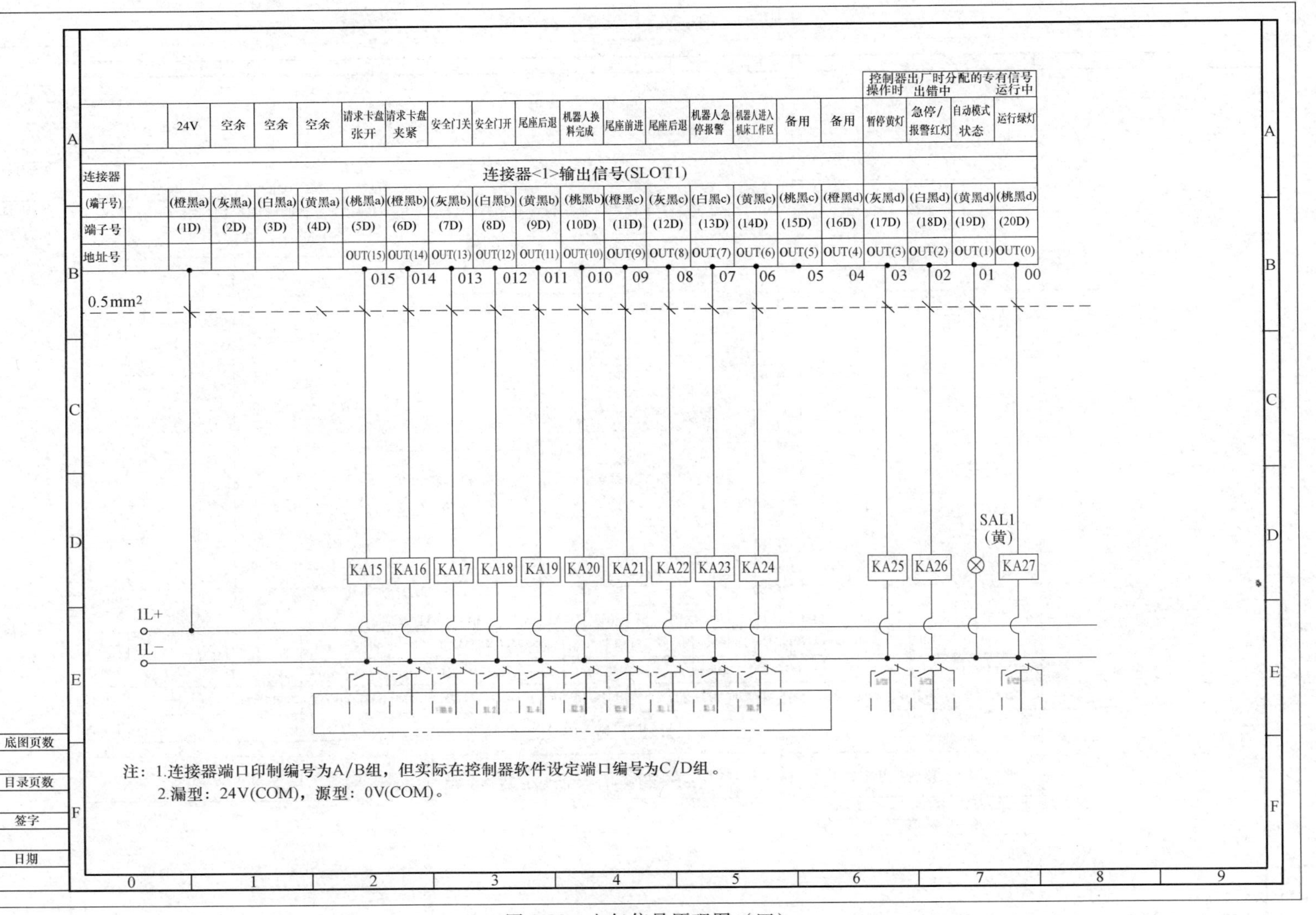

图 3-23 电气信号原理图（四）

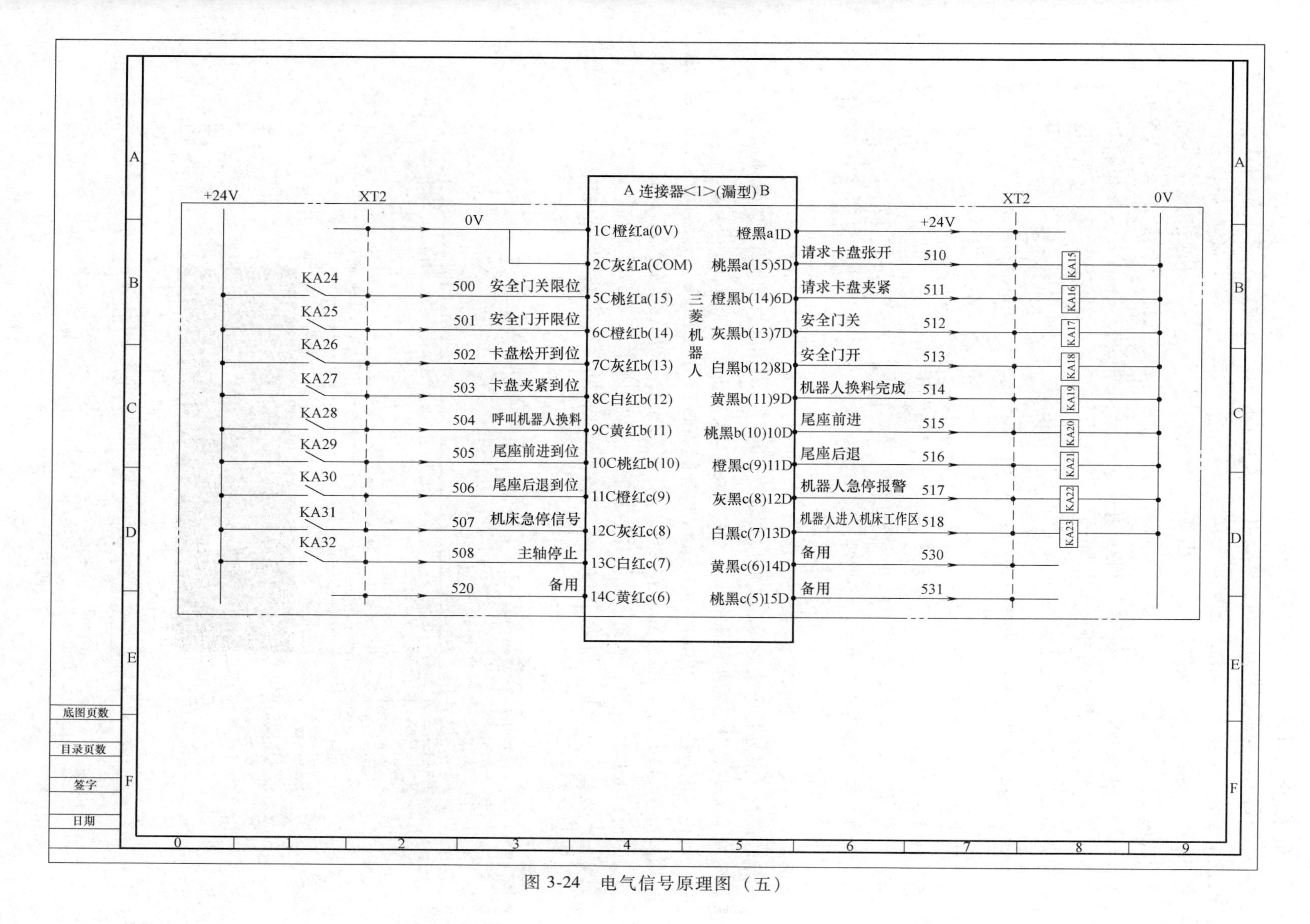

图 3-24　电气信号原理图（五）

在设计电气原理图的过程中，要重点考虑信号通信时的电路耦合问题，所以对数控系统的输出和工业机器人的输出分别使用了中间继电器进行电路隔离，增强了抗干扰能力，从而增加了整个制造岛通信的稳定性，避免出现误动作。电气原理图设计完成后就可以根据图样接线，如图3-25所示。

图 3-25　接线

三、数控系统 PLC 程序设计

本书重点讲解整个制造岛工业机器人与数控系统通信的原理，对于数控系统GSKCC软件详细的编程操作不做详细介绍，如有需要请参阅相关书籍。下面通过前面介绍的PLC指令相关知识，结合GSKCC软件配合工业机器人通信的梯形图编程原理，对通信中使用梯形图程序最重要的环节，即编写数控机床呼叫工业机器人上下料的M辅助功能指令做举例演示。

首先利用数控系统PLC中的DECB（二进制译码）功能定义一个新的M指令，运行梯形图时，R0800.0是M功能M80在PLC中的解码变量，当数控系统加工程序中运行M80时，对应的R0800.0=1，从而实现了译码功能，也就是操作者将需要数控机床实现的操作，如液压卡盘松开和夹紧、气动门打开或关闭等，通过此功能指令翻译传达给数控系统，如图3-26所示。

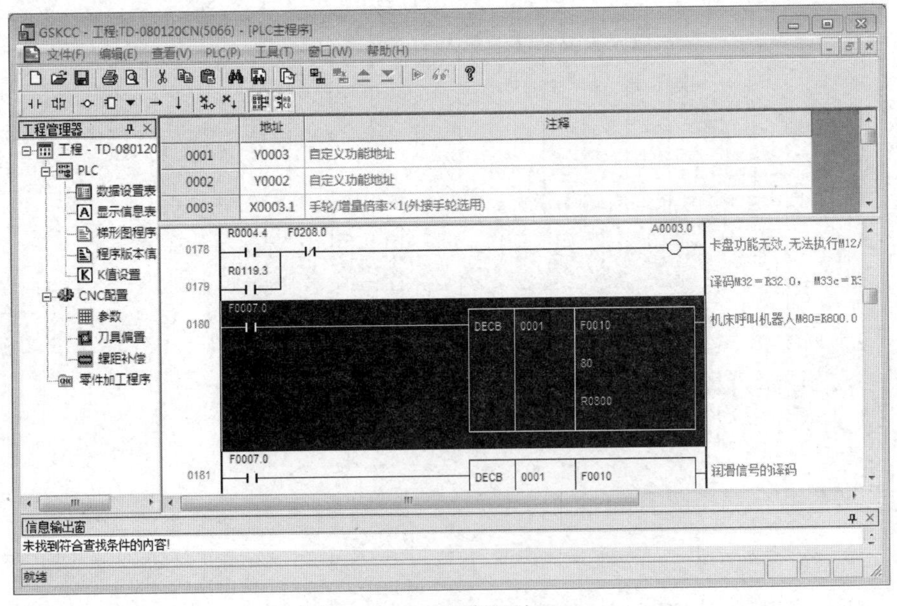

图 3-26　PLC 程序设计（一）

如果想让数控机床输出信号 Y2.4 给工业机器人，使工业机器人得知机床需要上下料，可以在编程时将常开触点 R0800.1 串联在线圈 Y2.4 之前，但是在编写梯形图时一定要将加入很多限制条件的常开或常闭触点 R 寄存器进行安全互锁，如气动门打开到位、主轴停止转动、机床无报警、尾座退回、XZ 轴回到机械零点等，只有满足这些条件时才能允许输出信号 Y2.4，这时工业机器人才可以进入到机床中进行相应上下料工作。在特殊工程项目中，不同的机床还会有不同的限制条件，这就需要工程师根据实际情况进行实际考虑，添加必要的互锁控制程序，编写出具有高可靠性、高效率的控制程序，如图 3-27 所示。

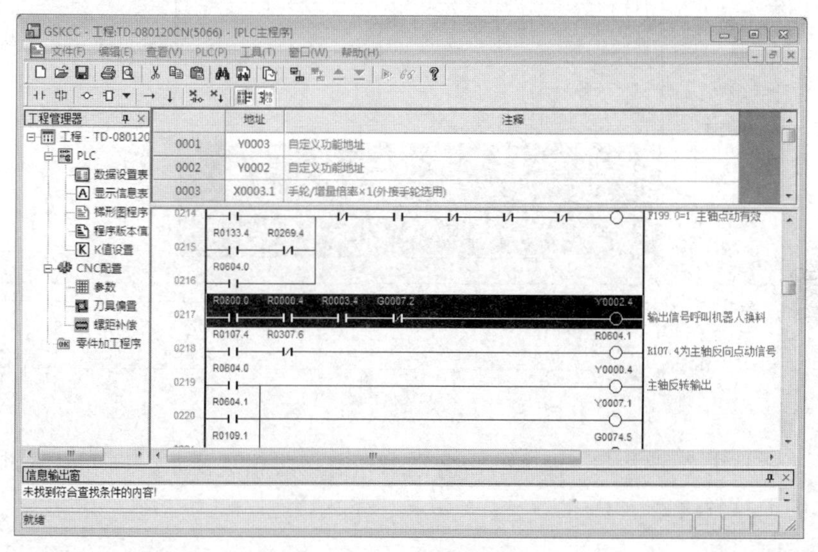

图 3-27　PLC 程序设计（二）

R0222.0 是工业机器人上下料指令 M80 的应答信号。当工业机器人完成为数控机床装卸料后，退出机床，然后使工业机器人的 I/O 点 out11 = 1 输出信号，传输给数控系统 PLC，使得 X0002.4 = 1，从而使 R0222.0 = 1，进而使 G4.3 = 1，这样应答信号有效，M80 执行完成，如图 3-28 所示。

通过以上编程，可以通过梯形图的控制逻辑，实现数控机床使用 M 指令呼叫工业机器人进行上下料，这样便实现了自动加工时的装卸料操作。但在不同形式的制造单元中，工业机器人为数控机床上下料时需要控制机床夹具的松开和夹紧，这部分动作的实现也需要在硬件电路中在工业机器人控制器与数控系统间进行 I/O 点连接信号线，然后编写相应数控系统梯形图，使得工业机器人通过发送 I/O 信号去控制数控机床夹具动作。这部分梯形图相对简单，这里就不详细讲解了。

随着市场竞争的加剧和对产品需求的提高，高精度、高生产率、柔性化、多品种、短周期的数控机床及其自动化生产线正冲击着传统的组合机床生产线。因此，提高数控机床在整个生产线中的工作效率成为未来生产线发展的关键所在。其中，提高数控机床与外围设备的通信速度与稳定性，必将成为未来数控机床生产线技术的发展方向。

四、工业机器人程序设计

工业机器人程序编写有规定的格式要求，工业机器人程序由程序名、位置数据、附随命

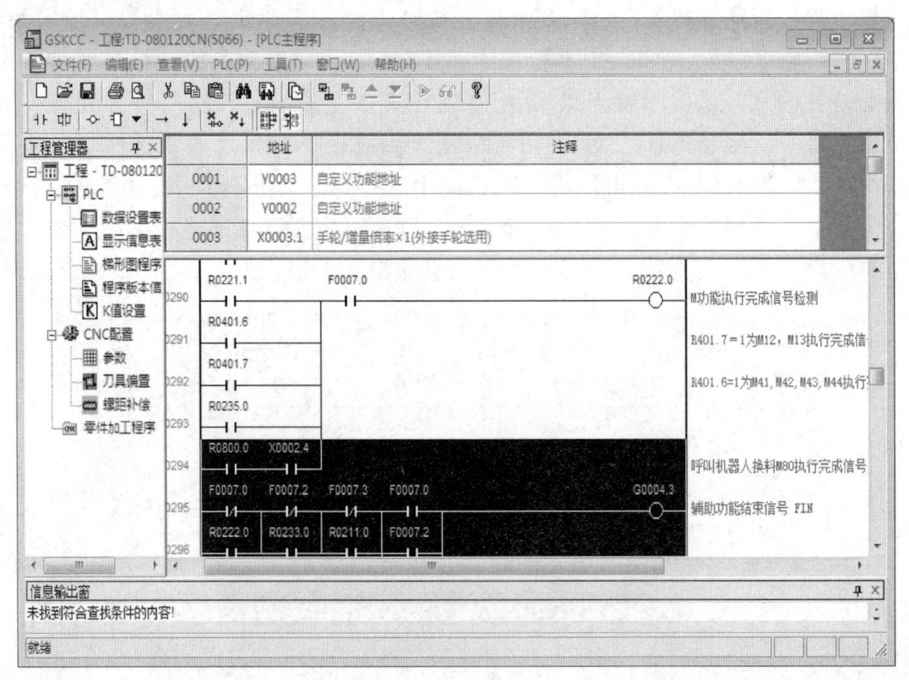

图 3-28　PLC 程序设计（三）

令语句、动作插补指令等构成。程序的命名和书写有一定格式要求，以下着重讲解程序创建和简单程序的编写方法。

1. 创建程序

1）工业机器人的程序由工业机器人语言和位置数据构成。

2）工业机器人的程序名可由英文大写字母、数字构成，不得超过 12 个字符。

3）程序结束以 END 表示。

2. 编程实例（表 3-22）

表 3-22　编程实例

程序	含　义
10	程序名
Mov　P1	位置数据
Mov　P2	位置数据
END	程序结束语

如图 3-29 所示，利用 Wait 指令来等待机床通过 I/O 点输出的呼叫工业机器人换料的信号，如果数控机床没有呼叫工业机器人，那么工业机器人的 M_In(11) 变量值为 0，这时 Wait M_In(11)= 1 这条语句条件不成立，工业机器人程序就会一直停留在这一行，直到数控机床发送了呼叫工业机器人换料输出信号，工业机器人的 M_In(11) 变量值为 1，则 Wait M_In(11)= 1 这条语句条件成立，工业机器人程序就会继续向下运行。

如图 3-30 所示，只有工业机器人已经为机床换料完毕并退出数控机床，回到了安全位置时，工业机器人程序才可以运行 M_Out(11)= 1 Dly 1 这条语句，这是使工业机器人的 11

号输出周期为 1s 的脉冲信号，这样数控机床就会接收到这个信号，从而执行完成 M80 辅助功能，继续向下执行加工指令。

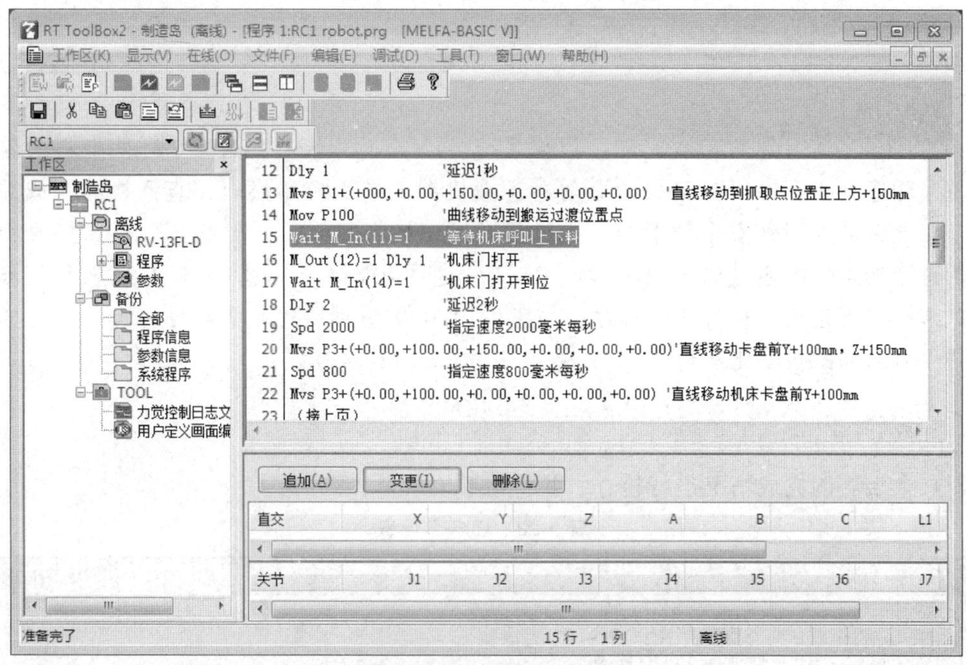

图 3-29　PLC 执行（一）

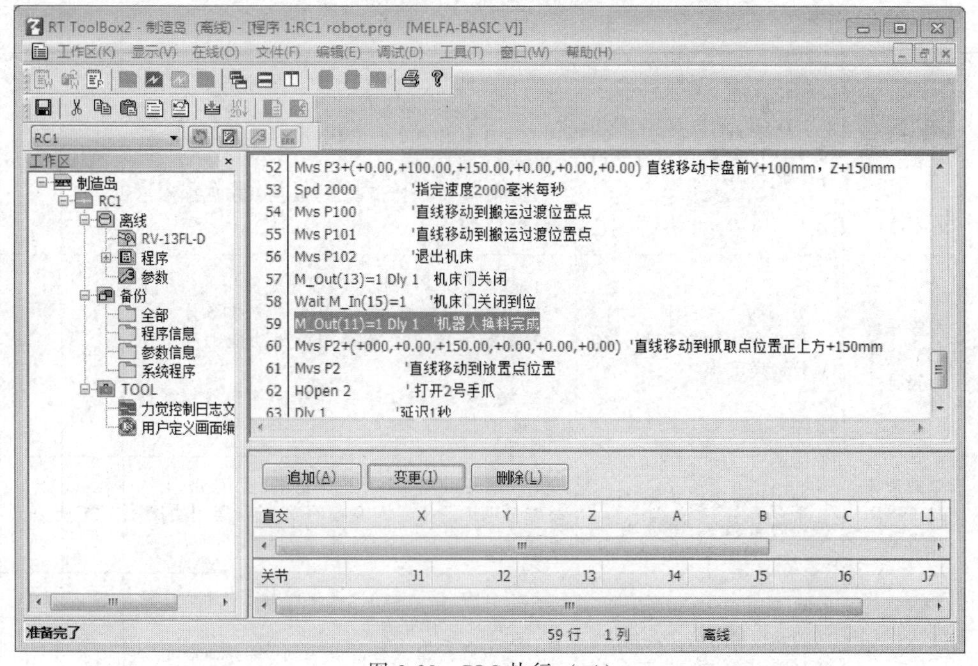

图 3-30　PLC 执行（二）

五、机床加工程序的设计

例如，机床的加工程序如下：

```
O9020
G53 G30 G90 X0 Z0
M80
…                                   （切削程序部分）
M99
```

当机床程序运行到 M80 这行时，数控系统会给工业机器人发送一个呼叫换料的输出信号，并且程序会一直停留在 M80 这行等待工业机器人进入机床换料，直到换料完成并退出机床，工业机器人回到安全位置时，通过程序发送换料完成信号给机床，机床接收到信号后，用这个输入信号通过梯形图去置位 G4.3（辅助功能结束信号），则 M80 执行完毕，机床程序继续向下运行，执行切削程序，结束后用 M99 返回到程序头再循环运行，这样就实现了整个制造岛的自动化运行。

任务测评

对任务实施的完成情况进行检查，并将结果填入表 3-23 中。

表 3-23　任务测评表

序号	主要内容	考核要求	评分标准	配分	扣分	得分
1	设备之间通信信号连接	根据数控系统 I/O 分布图、工业机器人 I/O 分布图、电气原理图进行信号线连接	1）数控系统 I/O 信号点接口选择不正确，扣 5 分 2）工业机器人 I/O 信号点接口选择不正确，扣 5 分 3）中间继电器触点接线不正确，扣 5 分	15		
2	工业机器人程序设计	I/O 点位选择正确，程序逻辑设计正确，信号处理语句使用正确	1）工业机器人编写程序中使用的信号位与实际接线选择的信号点位不一致，扣 5 分 2）工业机器人程序信号处理语句使用不正确，扣 10 分 3）程序逻辑设计错误，与数控系统匹配不正确，扣 15 分	30		
3	数控系统 PLC 程序设计	PLC 程序编程正确；I/O 点位选择正确	1）数控系统 PLC 梯形图程序中使用的信号位与实际接线选择的信号点位不一致，扣 5 分 2）数控系统 PLC 梯形图译码功能编程不正确，扣 15 分 3）数控系统 PLC 梯形图 M 功能应答编程错误，扣 10 分	30		
4	数控系统加工程序设计	加工程序逻辑正确，呼叫换料的 M 指令运用正确	1）数控系统加工程序逻辑错误，扣 10 分 2）呼叫工业机器人换料的 M 指令运用错误，扣 5 分	15		
5	安全文明生产	劳动保护用品穿戴整齐；遵守操作规程；讲文明礼貌；操作结束要清理现场	1）操作中，违反安全文明生产考核要求的任何一项，扣 5 分，扣完为止 2）当发现有重大事故隐患时，要立即制止学生，每次都要扣安全文明生产总分（5 分） 3）穿戴不整洁，扣 2 分；设备不还原，扣 5 分；现场不清理，扣 5 分	10		
合计				100		
开始时间：			结束时间：			

课后习题

一、填空题

1. 系统中使用内装式可编程控制器（以下简称______），省略了与______之间的外部接口连线，因此具有______、______等优点。

2. NC 侧输入存储器每隔______扫描并存储来自______，执行一级程序时，直接引用这些信号的状态。机床侧输入存储器每隔______扫描并存储来自______，执行一级程序时直接引用这些信号。

3. 地址用来区分信号，不同的地址分别对应机床侧的输入/输出信号、CNC 侧的输入/输出信号、中间继电器、计数器、定时器、保持型继电器和数据表。每个地址编号由______、______和______组成。

4. DECB 可对__________，所指的__________之一与代码数据相同时，对应的输出数据位为______；没有相同的数时，输出数据为______。

5. 假定在程序中指定 M ，如果 CNC 没有指定，则______。

6. 工业机器人的动作控制指令是工业机器人运行时使用最频繁的指令，包括______指令、______指令、______指令、______指令、______指令和______指令等。

二、选择题

1. PLC 的基本指令是设计顺序程序时用得最多的指令，它们执行一位运算。PLC 基本指令包括（　　）。

① LD、LDI、OUT　② AND、ANI、OR　③ ORI、ORB、ANB　④ END、SET、RST

A. ①③　B. ②③　C. ①②③　D. ②③④

2. DECB（二进制译码）的相关参数有（　　）。

① Length　② ADD1　③ DATA　④ ADD2

A. ①②③　B. ②③④　C. ①②③④　D. ①②④

3. 等待信号输入指令包含的系统状态变量有（　　）。

① M_In　② M_Inb　③ M_Inw　④M_DIn

A. ①②　B. ②③　C. ①②③　D. ①②③④

4. 工业机器人动作控制插补指令是（　　）。

① Mov　② Mvs　③ Mvr　④ M_ Out

A. ①③　B. ①②③　C. ①②③④　D. ②③④

三、简答分析题

1. 第一级程序和第二级程序中输入信号状态的区别是什么？

2. 980TD 系统 PLC 的 X 地址分为几类？分别是什么？

3. 中间继电器在电路中的常见作用是什么？

4. 简述数控系统如何请求工业机器人上下料，又如何知道工业机器人完成了上下料工作。

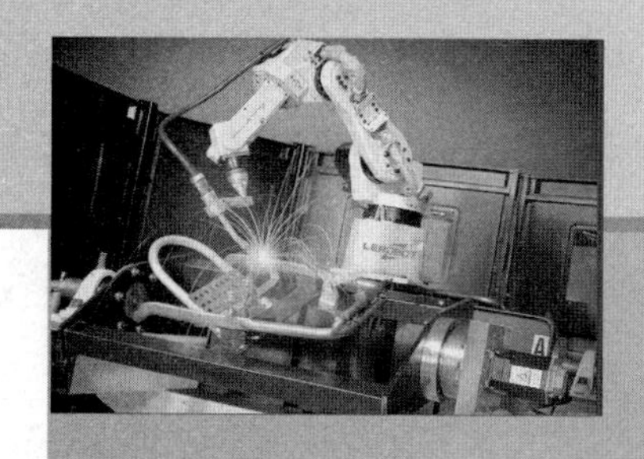

模块四

工业机器人柔性加工案例（轴类零件）

任务一 销轴柔性加工

学习目标

知识目标：1. 掌握销轴柔性加工流程设计方法。
2. 了解三菱工业机器人上下料抓手的设计原理。
3. 能正确分析零件图并制订零件加工工艺。

能力目标：1. 能正确掌握三菱工业机器人自动上下料运行轨迹规划。
2. 能正确编写三菱工业机器人自动上下料程序及零件加工程序。
3. 掌握机床、三菱工业机器人联机运行操作方法。

工作任务

某企业新设计的设备包含一种销轴零件，在正式投产前需要在3个工作日内采用数控车床（广数980TD系统）及工业机器人（三菱系统）进行自动上下料试制加工。技术人员在试制前需要分析零件图、合理制订加工工艺、编写机床加工程序及工业机器人自动上下料程序，并通过机床与工业机器人联机运行，确定是否能加工出符合要求的销轴。

具体要求如下：

1）设计销轴柔性加工流程。

2）对销轴进行零件图分析并制订加工工艺。

3）对销轴自动上下料进行轨迹规划。

4）编写销轴加工程序与工业机器人上下料运行程序。

5）机床与工业机器人联机运行，进行加工及自动上下料。

知识储备

一、设计销轴柔性加工流程

该流程包括分析零件图、制订加工工艺、设计工业机器人末端执行器（抓手）、规划工

业机器人上下料运动轨迹，编写工业机器人上下料运行程序及数控加工程序、工业机器人与数控车床联机运行进行自动上下料加工，其流程图如图 4-1 所示。

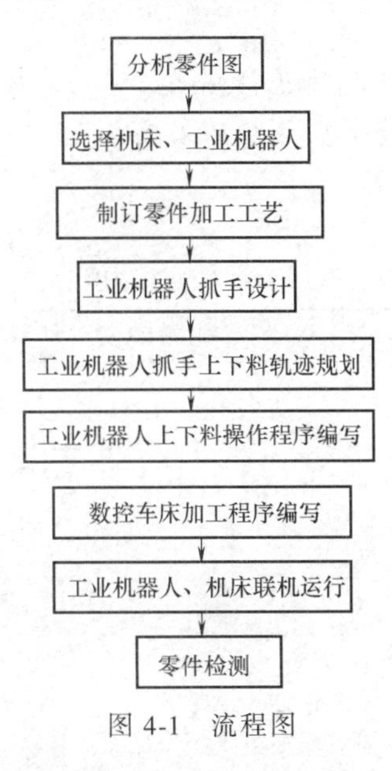

图 4-1　流程图

二、分析零件图和制订加工工艺

1. 分析零件图（图 4-2）

（1）尺寸精度分析

1）$\phi60_{-0.03}^{0}$mm：尺寸精度等级为 h7。

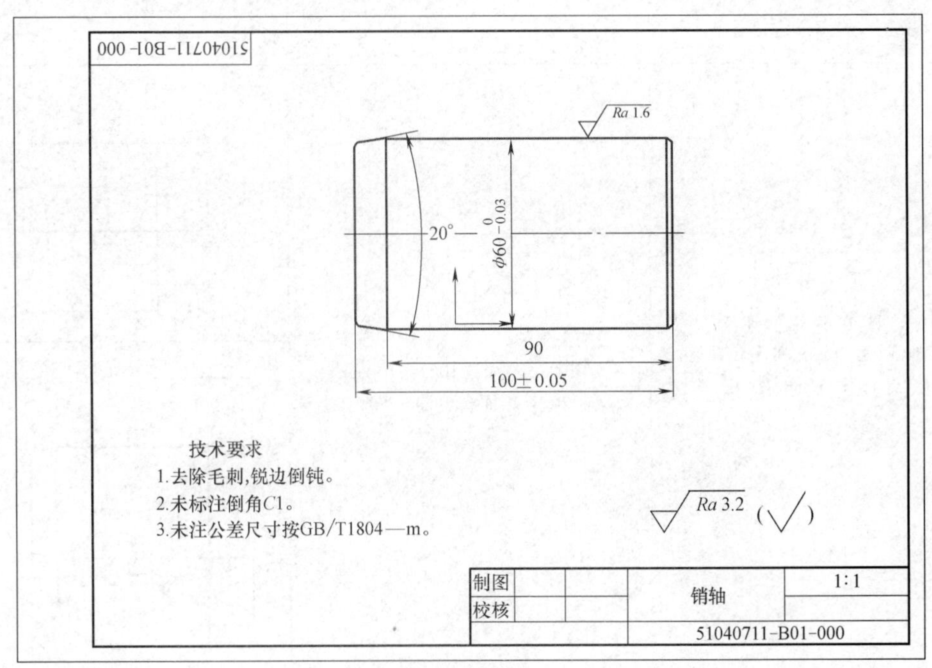

图 4-2　销轴零件图

2）100mm：工件总长公称尺寸，极限偏差为±0.05mm。

3）其余未注公差尺寸按 GB/T 1804—m。

（2）表面粗糙度分析

1）ϕ60mm 圆柱面表面粗糙度值为 Ra1.6μm。

2）端面及导向锥面的表面粗糙度值为 Ra3.2μm。

2. 制订加工工艺

（1）制订加工步骤（表 4-1）

表 4-1　加工步骤

车削步骤	车削内容	图例说明
1）采用自定心卡盘装夹，毛坯伸出长度 92mm，找正、夹紧工件	①找正、装夹工件 ②车端面 ③车 ϕ60mm 外圆	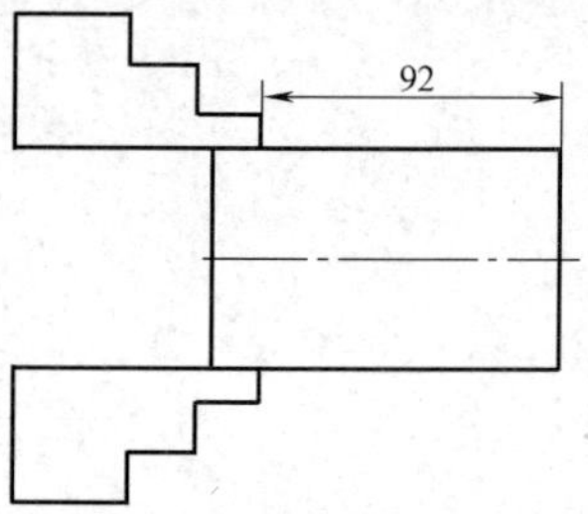 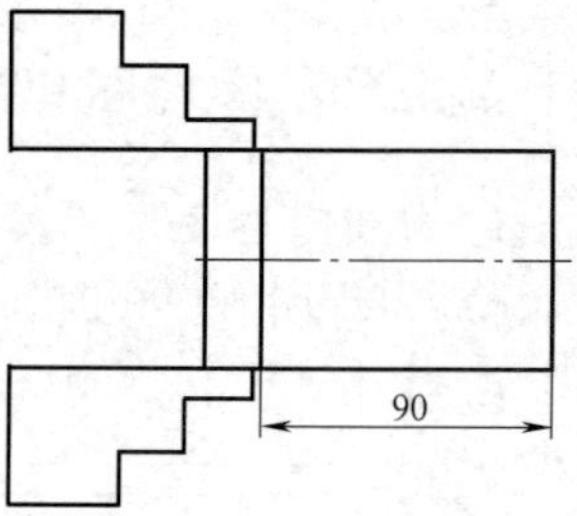
2）调头，采用自定心卡盘装夹 ϕ60mm 外圆（可以使用带定位功能的软爪），伸出长度 35mm，找正、夹紧工件	①装夹工件 ②车削保证总长（100±0.05）mm ③车 20°外锥面、ϕ60mm 外圆	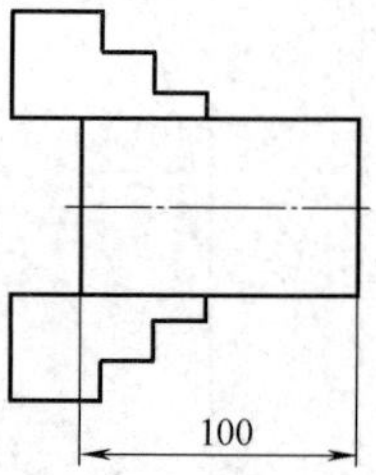 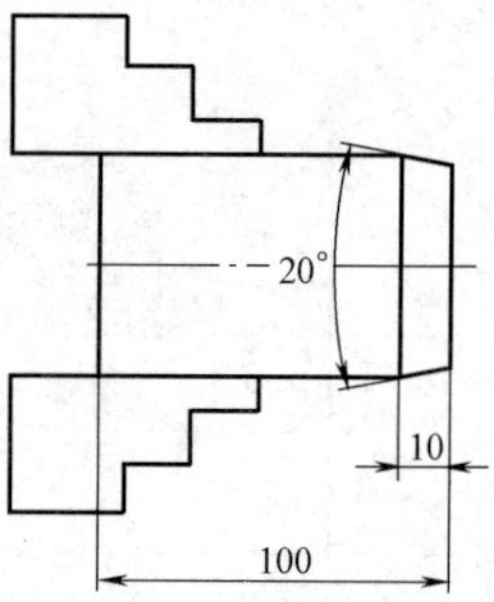

（2）选择量具　根据零件形状及精度要求选择以下量具，如图 4-3 所示，量具量程见表 4-2。

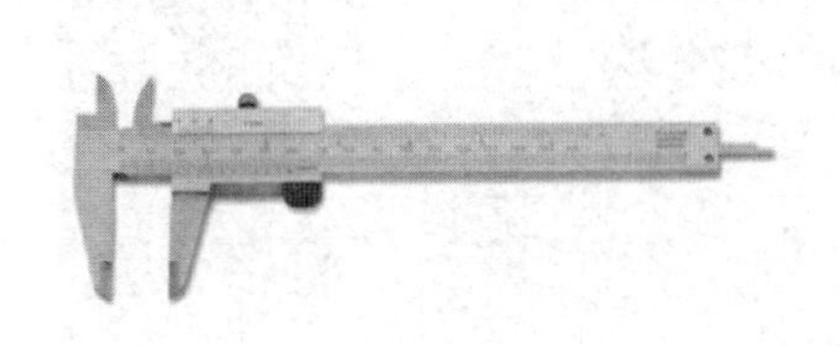

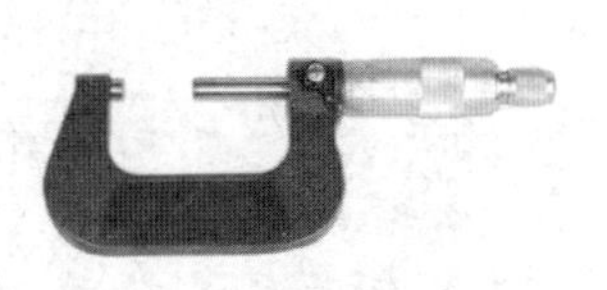

图 4-3　量具

表 4-2　量具

序号	测量项目	选用的量具及量程
1	外圆	外径千分尺(50~75mm)
2	长度	游标卡尺(0~150mm)
3	角度	游标万能角度尺(0°~270°)

（3）选择刀具

根据零件形状、精度及表面粗糙度要求选择相应刀具，同时要考虑刀具经济性和效率，刀具的选择如图 4-4 所示。

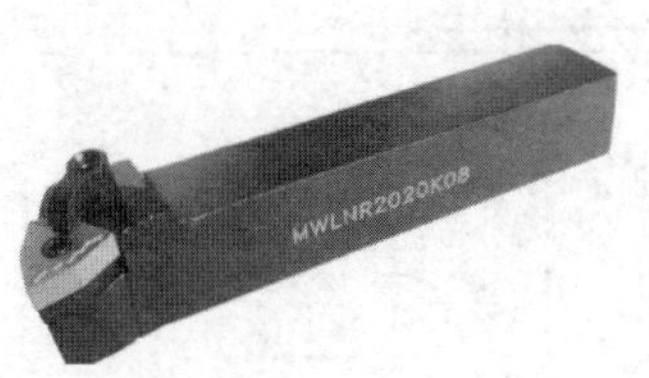

a) 90° 外圆车刀(0.8mm刀尖圆弧半径)

b) 90° 外圆车刀(0.4mm刀尖圆弧半径)

图 4-4　外圆车刀

1）90°外圆车刀（0.8mm 刀尖圆弧半径）：端面加工，外圆粗加工。

2）90°外圆车刀（0.4mm 刀尖圆弧半径）：端面加工，外圆精加工。

3. 机床、工业机器人的选择及上下料工作台布局

（1）机床、工业机器人的选择　先根据零件轮廓形状选择匹配的数控车床进行加工，测算零件的重量，选择能承受零件重量的工业机器人本体。

1）数控车床的选择。该零件为轴类零件，对外圆表面及加工尺寸的要求不高，故机床的选择应考虑其经济性和效率。本任务选择 CK6132 型数控车床，数控系统为 980TD，如图 4-5 所示。该机床有符合柔性加工所需的液压卡盘、气动门等相关附件。

2）工业机器人的选择。根据测算，零件的重量小于 7kg，故选择三菱 RV-7F 型工业机器人，如图 4-6 所示。该型号工业机器人可承受小于或等于 7kg 重量的物体搬运，重复定位精度为±0.02mm，符合零件装夹及搬运要求。

（2）机床、工业机器人及上下料工作台布局

1）布局要求。上下料工作台必须布置在工业机器人上下料运动行程范围内，如图 4-7

所示，工业机器人前臂能伸至机床卡盘处，能进行无障碍上下料动作。

图 4-5　CK6132 型数控车床

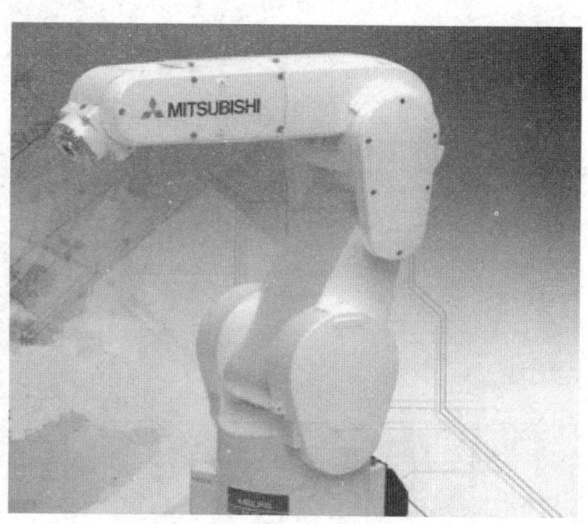

图 4-6　三菱 RV-7F 型工业机器人

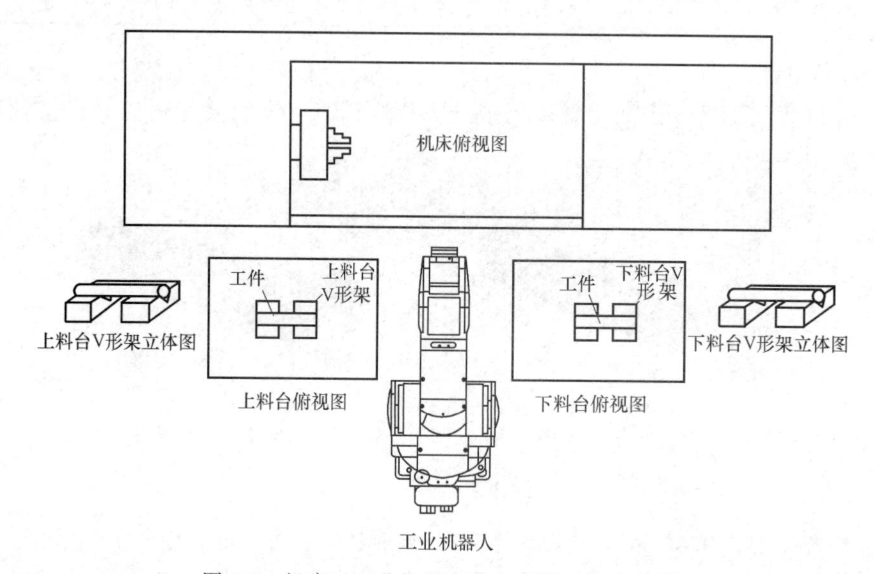

图 4-7　机床、工业机器人及上下料工作台布局

2）布局说明。为保证工业机器人搬运位置精度，上下料工作台必须固定并且不可移动，上下料工作台上的 V 形架必须固定在上、下料工作台上，不可移动。

三、工业机器人抓手设计及自动上下料轨迹规划

1. 工业机器人抓手设计

（1）设计要求　如图 4-8 所示，工业机器人抓手圆弧直径应按照所被抓取工件直径的大小、厚度来设计，要保证所被抓取的工件在移动和装夹过程中不松动。

（2）设计说明　如图 4-9 所示，工业机器人抓手分为上料、下料抓手，上料抓手抓取毛坯件，下料抓手抓取成形工件。在制作和加工过程中，应按照统一的安装尺寸加工工业机器人抓手，同时上、下料抓手应做好标识，以便于区分。

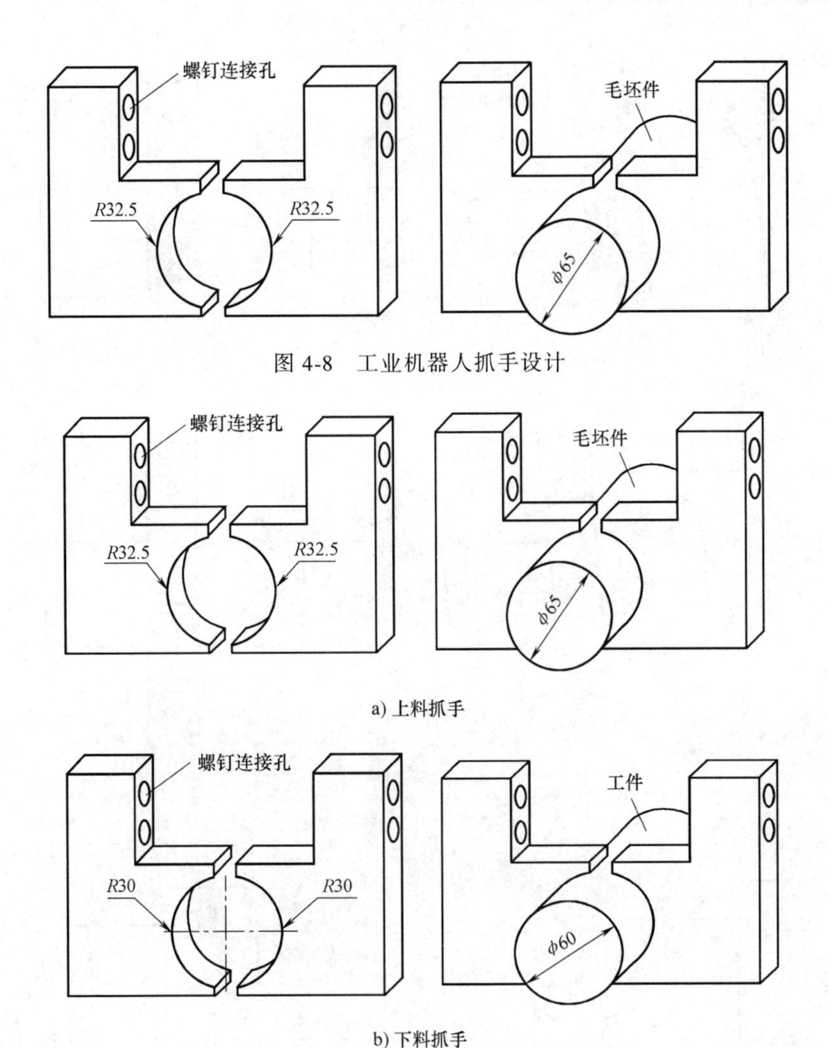

图 4-8　工业机器人抓手设计

a) 上料抓手

b) 下料抓手

图 4-9　上下料抓手设计

2. 自动上下料轨迹规划

工件送往机床卡盘装夹前，应保证被抓取工件姿态是水平状态，同时被抓取工件的轴线与机床的回转中心线重合。如工件姿态不找正就进行装夹，会导致工件装夹位置出现偏差，降低加工精度，抓手也会因转矩过大而出现变形或者损坏。

（1）被抓取工件的姿态找正　如图 4-10 所示，使用百分表找正被抓取工件时，表座必须固定在机床上的某一位置，对被抓取工件的上下侧素线进行找正。

（2）被抓取工件轴线与机床回转中心线重合找正　如图 4-11 所示，使用百分表找正工件轴线与机床回转中心线重合时，百分表的表座须固定在机床卡盘上某一位置。通过旋转机床卡盘，调整工业机器人抓手位置，逐步找正工件轴线与机床回转中心线重合。

（3）上下料路线规划　上下料路线规划共设有工件抓取、工件放置、搬运过渡、工件装夹 4 个位置点。上下料顺序为抓取工件位置点→搬运过渡位置点→工件装夹位置点→放置工件位置点，如图 4-12 所示。

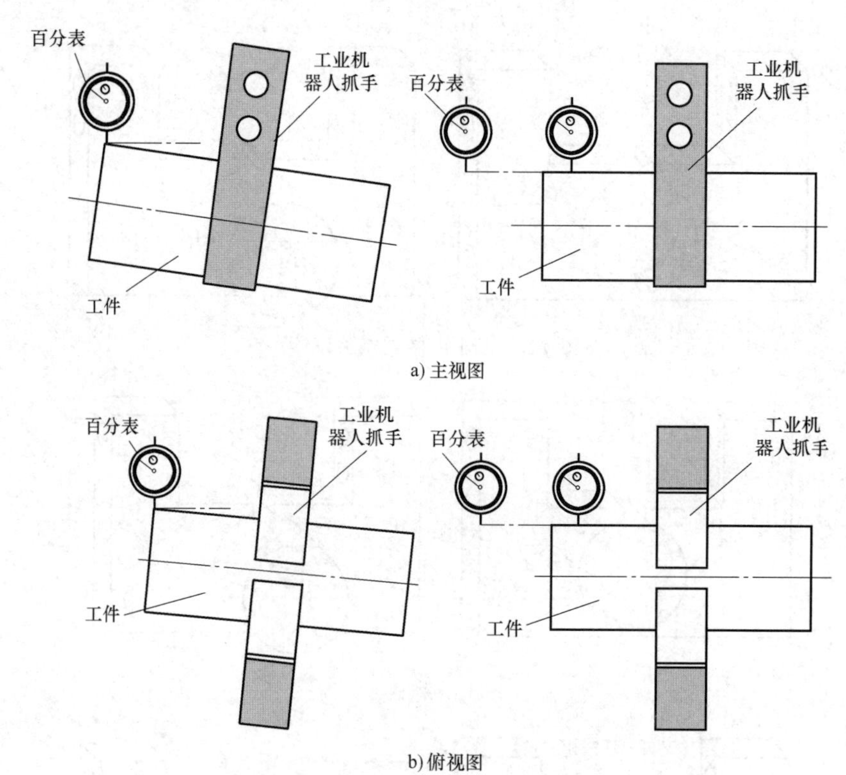

图 4-10　被抓取工件姿态找正图

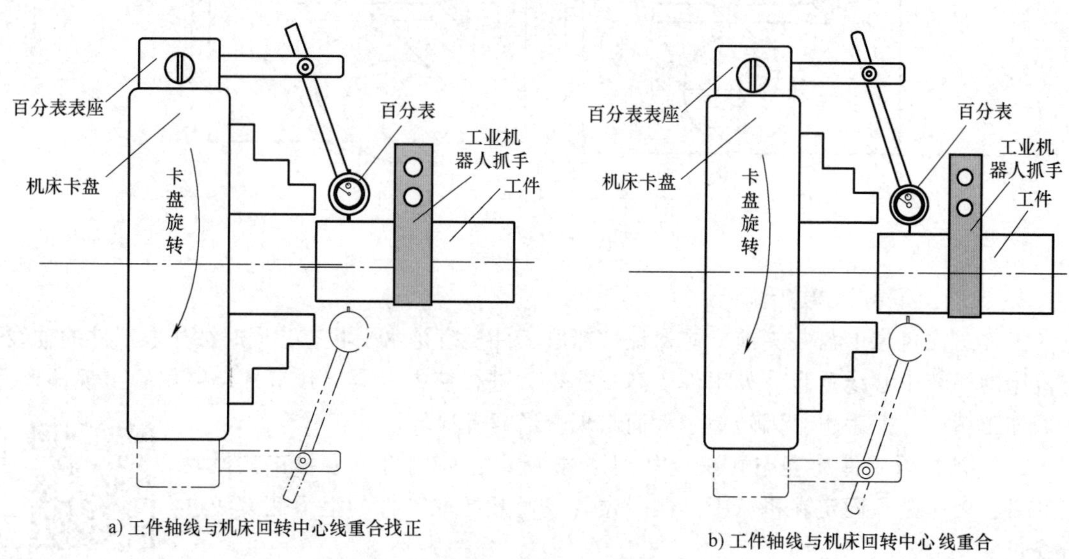

图 4-11　工件轴线与机床卡盘回转中心线找正

四、工业机器人自动上下料程序及零件数控加工程序编写

工业机器人上下料程序编写要按照设计好的上下料路线规划图（图 4-12）进行，程序编写完成后，在仿真软件中模拟校验，检查程序书写格式和语法是否正确，工业机器人运行轨迹是否有干涉。零件数控加工程序要根据零件图分析结果及制

订的加工工艺编写。

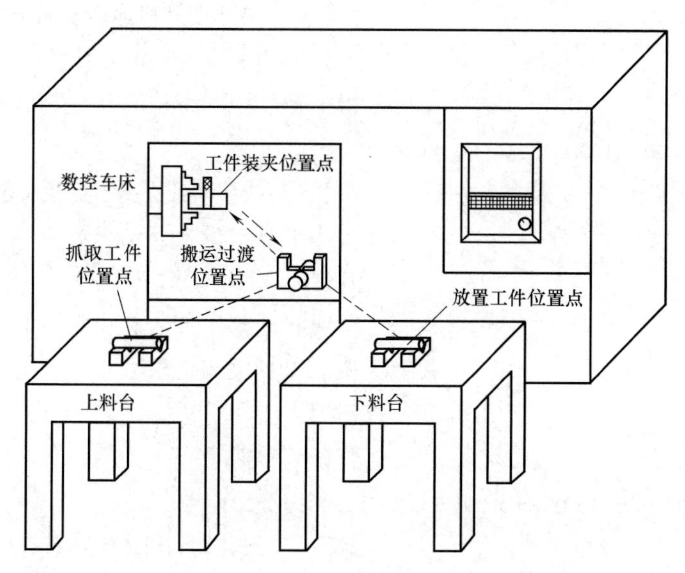

图 4-12 上下料路线规划图

1. 工业机器人自动上下料程序编写

(XIAOZHOU)	(程序名)
Servo On	(工业机器人上电)
Wait M_Svo=1	(等待伺服电气上电)
OAdl On	(指定最佳加减速度)
Spd 2000	(指定速度为 2000mm/s)
HOpen 1	(打开 1 号抓手)
HOpen 2	(打开 2 号抓手)
Mov P100	(曲线移动到搬运过渡位置点,门前等待位置)
Mov P1+(+000,+0.00,+150.00,+0.00,+0.00,+0.00)	(抓取点 Z 轴正上方+150mm)
Spd 800	(指定速度为 800mm/s)
Mvs P1	(直线移动到抓取工件位置点)
HClose 1	(关闭 1 号抓手)
Dly 1	(延迟 1s)
Mvs P1+(+000,+0.00,+150.00,+0.00,+0.00,+0.00)	(抓取点 Z 轴正上方+150mm)
Mov P100	(曲线移动到搬运过渡位置点)
Wait M_In(11)=1	(机床准备好)
M_Out(12)=1 Dly 1	(机床门打开)
Wait M_In(14)=1	(机床门打开到位)
Dly 2	(延迟 2s)
Spd 2000	(指定速度为 2000mm/s)

```
Mvs P13+(+0.00,+100.00,+150.00,+0.00,+0.00,+0.00)
                                  [抓手1直线移动到机床卡盘装夹位置(Y+100mm,Z
                                  +150mm)]
Spd 800                           (指定速度为800mm/s)
Mvs P13+(+0.00,+100.00,+0.00,+0.00,+0.00,+0.00)
                                  [抓手1直线移动到机床卡盘装夹位置(Y+100mm)]
M_Out(15)=1 Dly 1                 (机床卡盘卡爪松开请求)
Dly 1                             (延迟1s)
Mvs P13                           (直线移动到工件装夹位置点)
M_Out(14)=1 Dly 1                 (机床夹具关闭请求)
Dly 1                             (延迟1s)
HOpen 1                           (打开1号抓手)
Mvs P13+(+0.00,+100.00,+0.00,+0.00,+0.00,+0.00)
                                  [抓手1直线移动到机床卡盘装夹位置(Y+100mm)]
Mvs P100                          (直线移动到搬运过渡位置点)
M_Out(13)=1 Dly 1                 (机床门关闭)
M_Out(11)=1 Dly 1                 [机床供应完成(运行到此段程序时,执行加
                                  工程序)]
Wait M_In(11)=1                   (机床准备好)
M_Out(12)=1 Dly 1                 (机床门打开)
Wait M_In(14)=1                   (机床门打开到位)
Dly 2                             (延迟2s)
Spd 2000                          (指定速度为2000mm/s)
Mvs P14+(+0.00,+100.00,+150.00,+0.00,+0.00,+0.00)
                                  [抓手2直线移动到卡盘卸料位置(Y+100mm,Z
                                  +150mm)]
Spd 800                           (指定速度为800mm/s)
Mvs P14+(+0.00,+100.00,+0.00,+0.00,+0.00,+0.00)
                                  [抓手2直线移动到卡盘卸料位置(Y+100mm)]
M_Out(15)=1 Dly 1                 (机床卡盘卡爪松开请求)
Dly 1                             (延迟1s)
Mvs P14                           (抓手2直线移动到卡盘卸料位置点)
HClose 2                          (关闭2号抓手)
Dly 1                             (延迟1s)
Mvs P14+(+0.00,+100.00,+0.00,+0.00,+0.00,+0.00)
                                  [抓手2直线移动到卡盘卸料位置(Y+100mm)]
Mvs P100
```

```
Spd 2000                         （指定速度为 2000mm/s）
Mvs P100                         （直线移动到搬运过渡位置点，门前等待位置）
M_Out(13)=1 Dly 1                （机床门关闭）
M_Out(11)=1 Dly 1                （机床供应完成）
Mvs P2+(+000,+0.00,+150.00,+0.00,+0.00,+0.00)
                                 （放置点 Z 轴正上方+150mm）
Mvs P2                           （放置点位置）
HOpen 2                          （打开 2 号抓手）
Dly 1                            （延迟 1s）
Mov P100                         （曲线移动到搬运过渡位置点）
End                              （程序运行结束）
```

工业机器人示教点说明见表 4-3。

表 4-3　工业机器人示教点说明

序号	点序号	注释	备注
1	P100	过渡点，门前等待位置点	需示教
2	P1	上料工作台抓取点	赋值
3	P2	下料工作台放置点	赋值
4	P13	上料工作台起始点	需示教
5	P14	上料工作台终点 A	需示教

2. 零件数控加工程序编写

销轴加工程序（工序 1）

```
O0001（程序名）
M80（运行到此段程序时执行工业机器人程序）
M06（机床门关闭）
T0101（采用 1 号刀具粗车）
G00 X100 Z100
M03 S1200
G00 X66 Z2
G94 X-1 Z0 F120
G71 U1 R1
G71 P1 Q2 U0.5 W0.05 F200
N1 G00 X58
G01 Z0 F150
X60 W-1
Z-90
N2 X66
G00 X100 Z100
```

```
T0202 M03 S1500(采用2号刀具精车)
G00 X66 Z2
G70 P1 Q2
G00 X100 Z300
M05
M07(机床门打开)
M30
```

销轴加工程序(工序2)

```
O0002(程序名)
M80(运行到此段程序时执行工业机器人程序)
M06(机床门关闭)
T0101(采用1号刀具粗车)
G00 X100 Z100
M03 S1200
G00 X66 Z2
G94 X-1 Z0 F120
G71 U1 R1
G71 P1 Q2 U0.5 W0.05 F200
N1 G00 X56.5
G01 Z0 F150
X60 W-10
W-1
N2 X66
G00 X100 Z100
T0202 M03 S1500(采用2号刀具精车)
G00 X66 Z2
G70 P1 Q2
G00 X100 Z300
M05
M07(机床门打开)
M30
```

五、机床、工业机器人联机自动上下料加工及零件精度检测

1. 机床、工业机器人联机自动上下料加工

在联机运行前必须通过工业机器人控制器输出信号检测机床执行动作(液压卡盘动作、气动门动作)，如机床执行动作正常，可以联机运行。如果机床无法检测到工业机器人控制器输出信号，无执行动作，则不可以联机运行，以免造成工业机器人与机床动作不衔接出现碰撞。联机运行步骤如图4-13所示。

2. 零件精度检测

根据零件图要求检测相关数据，把实际测量数据填写在表 4-4 中。

表 4-4　测量数据

零件名称	销轴		图号	51040711-B01-000	检验人		
检验项目	序号	检验内容及要求		量具	检验结果		备注
		公称尺寸	表面粗糙度 $Ra/\mu m$		实测尺寸	表面粗糙度 $Ra/\mu m$	
尺寸精度	1	$\phi60_{-0.03}^{0}$ mm	1.6				
	2	(100±0.05)mm	3.2				
	3	20°	1.6				
	4	$C1$	3.2				

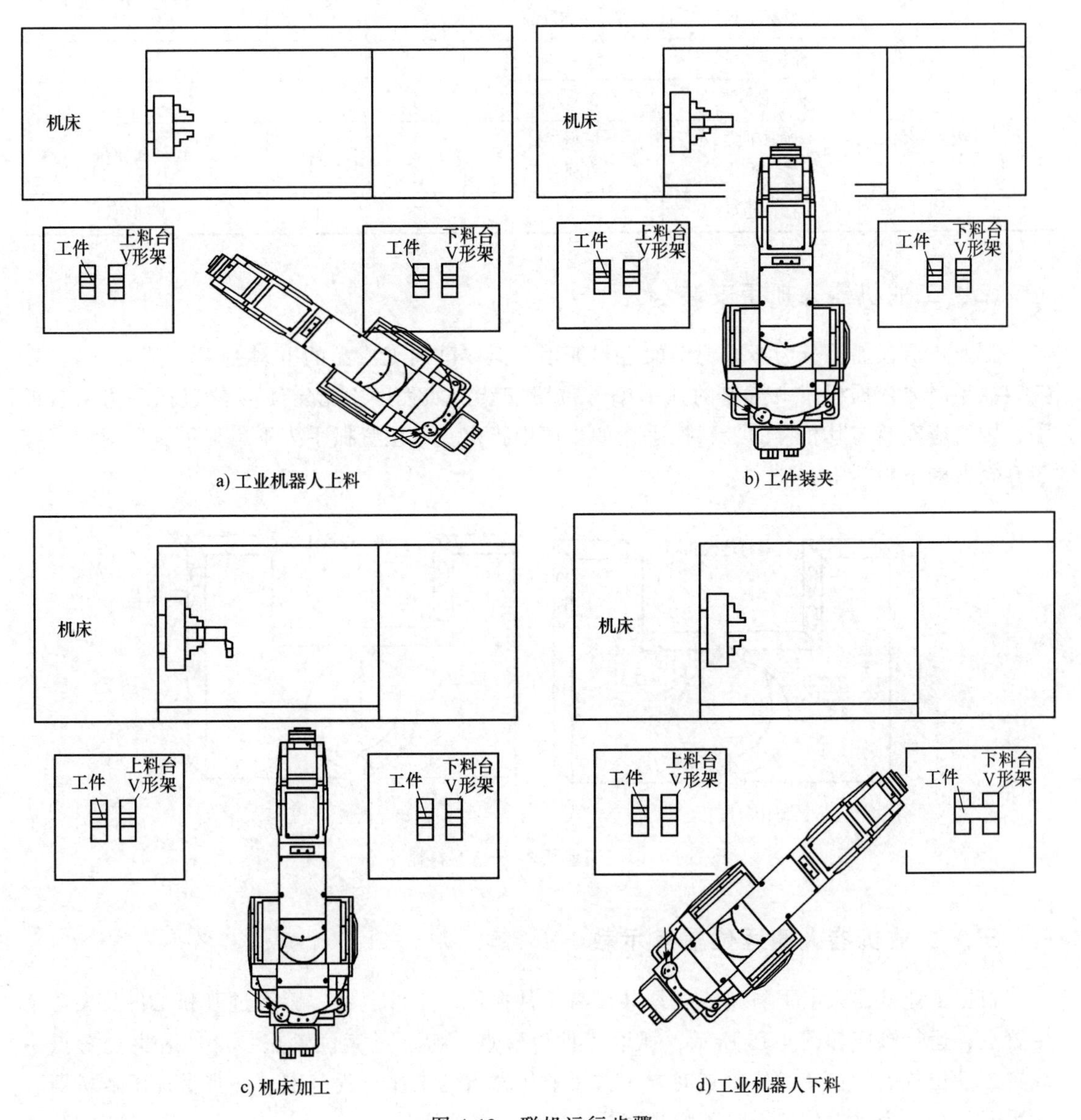

a) 工业机器人上料　b) 工件装夹　c) 机床加工　d) 工业机器人下料

图 4-13　联机运行步骤

任务实施

一、任务准备

实施本任务教学所使用的实训设备及工具材料可参考表 4-5。

表 4-5　实训设备及工具材料

序号	分类	名称	型号/规格	数量	单位	备注
1	机床	GSK980TD	CK6132	2	台	广数系统
2	刀具	90°外圆车刀	MWLNR2020K08	1	把	0.8mm 刀尖圆弧半径
		90°外圆车刀	MWLNR2020K08	1	把	0.4mm 刀尖圆弧半径
3	量具	游标卡尺	0～150mm	1	把	
		外径千分尺	50～75mm	1	把	
		游标万能角度尺	0°～270°	1	把	
4	工业机器人抓手	抓取轴类零件抓手	根据工件直径自定	4	副	物料间领料
5	附件	物料托盘	自定	2	个	物料间领料

二、工业机器人抓手安装

工业机器人抓手分为抓取毛坯的上料抓手和抓取已加工成品的下料抓手（图 4-14），在安装抓手时要依据程序中指定的抓手编号位置安装，如程序中指定 1 号位置抓手为上料抓手，则对应安装与其相符的上料抓手，如程序中指定 2 号位置抓手为下料抓手，则对应安装与其相符的下料抓手。

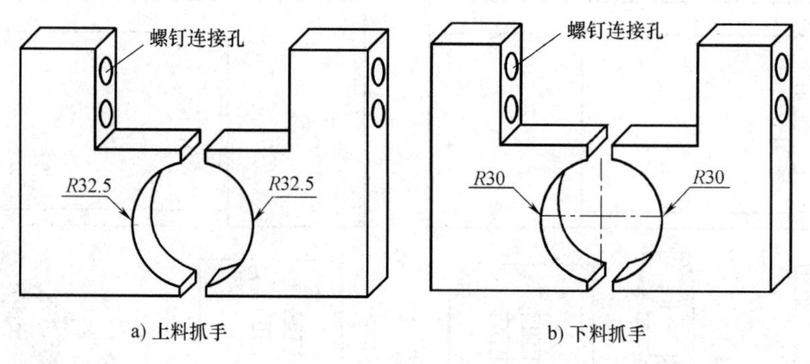

图 4-14　工业机器人上下料抓手

三、工业机器人搬运位置点示教

根据工业机器人上下料路线规划共设有工件抓取、工件放置、搬运过渡和工件装夹 4 个位置点，运行顺序如图 4-15 所示，抓取工件位置点→搬运过渡位置点→工件装夹位置点→放置工件位置点。在示教位置点时要考虑工业机器人的工作行程范围，并且保证工业机器人抓手运行至各个示教位置点时不出现奇异点。

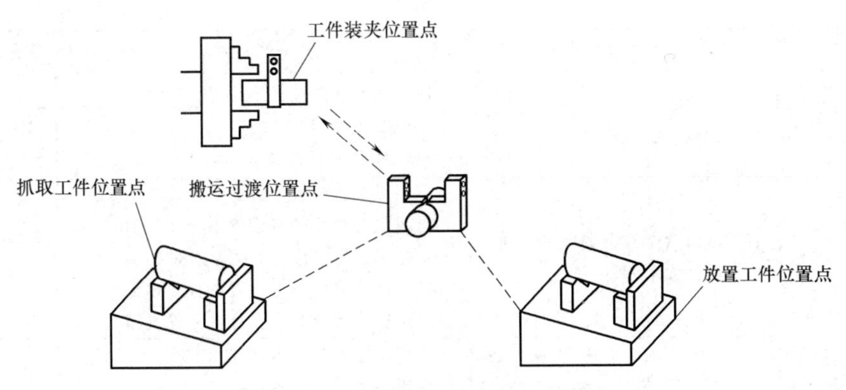

图 4-15　工业机器人上下料运行顺序

四、联机测试运行

（1）机床、三菱工业机器人信号表（表 4-6）

表 4-6　机床、三菱工业机器人信号表

工业机器人→机床(输出)	状态	机床→工业机器人(输入)	状态
M_Out(11)= 1	机床供应完成	M_In(11)= 1	机床条件允许
M_Out(12)= 1	机床门打开	M_In(12)= 1	机床夹具关闭到位
M_Out(13)= 1	机床门关闭	M_In(13)= 1	机床夹具打开到位
M_Out(14)= 1	机床夹具打开	M_In(14)= 1	机床门打开到位
M_Out(15)= 1	机床夹具关闭	M_In(15)= 1	机床门关闭到位

注：本任务工业机器人与机床信号交互是 I/O 直连，没有经过总控 PLC 等设备。

（2）机床、三菱工业机器人联机自动上下料加工　在联机运行前必须对工业机器人与机床进行信号检测，如图 4-16 所示，在保证输出信号和反馈信号正常接收情况下，才可以联机运行进行上下料加工。

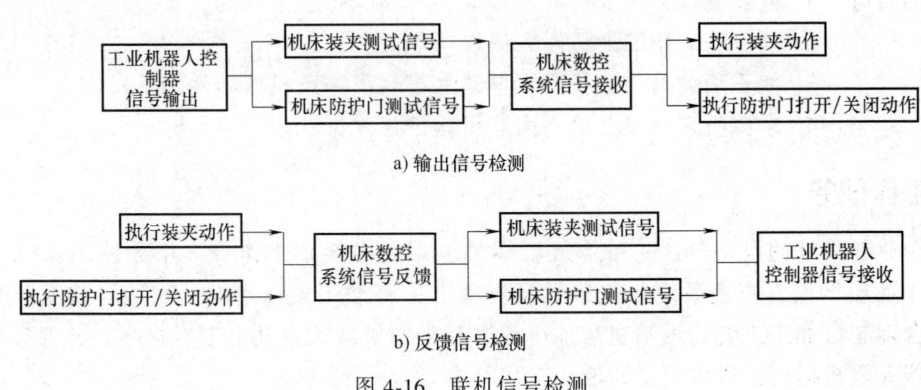

图 4-16　联机信号检测

任务测评

对任务实施的完成情况进行检查，并将结果填入表 4-7 中。

表 4-7　任务测评表

序号	主要内容	考核要求	评分标准	配分	扣分	得分
1	工业机器人抓手安装	抓手与法兰连接口固定牢靠，不松动	1)抓手与法兰连接不正确，扣5分 2)抓手松动，扣5分 3)损坏抓手或法兰，扣10分	10		
2	位置点示教操作	位置点的设置合理正确，运行无干涉	1)抓取工件位置点设置不合理扣10分 2)放置工件位置点设置不合理扣10分 3)搬运位置过渡点设置不合理扣10分 4)工件装夹位置点设置不合理扣10分 5)运行位置点有干涉每个位置点扣10分	50		
3	工业机器人程序编写	主程序、子程序编写逻辑、书写格式正确	1)程序编写逻辑不合理扣10分 2)程序书写格式不正确扣10分	20		
4	联机运行检测	输出、反馈信号检测	1)输出信号操作错误扣5分 2)反馈信号操作错误扣5分	10		
5	安全文明生产	劳动保护用品穿戴整齐；遵守操作规程；讲文明礼貌；操作结束要清理现场	1)操作中，违反安全文明生产考核要求的任何一项扣5分，扣完为止 2)当发现有重大事故隐患时，要立即制止学生，每次都要扣安全文明生产总分(5分)	10		
合计				100		
开始时间：			结束时间：			

任务二　螺纹轴柔性加工

学习目标

知识目标：1. 掌握螺纹轴柔性加工流程设计方法。
2. 了解工业机器人上下料抓手的设计原理。
3. 能正确分析零件图并制订零件加工工艺。

能力目标：1. 能正确掌握工业机器人自动上下料运行轨迹规划方法。
2. 能正确运用工业机器人码垛功能。
3. 能正确编写工业机器人自动上下料程序及机床零件加工程序。
4. 掌握机床、工业机器人联机运行操作方法。

工作任务

某企业新设计的设备包含一种螺纹轴零件，需要在5个工作日内用数控车床（广数系统）及工业机器人（三菱系统）进行批量自动上下料加工。技术人员在试制前需要分析零件图、合理制订加工工艺、编写机床加工程序及工业机器人自动上下料程序，并通过机床与工业机器人联机运行，以确定是否能加工出符合要求的螺纹轴。

具体要求如下：

1）设计螺纹轴柔性加工流程。

2）对螺纹轴进行零件图分析和制订加工工艺。

3）对螺纹轴自动上下料进行轨迹规划。

4）编写螺纹轴加工程序与工业机器人上下料运行程序。

5）机床与工业机器人联机运行，进行加工及自动上下料。

知识储备

一、设计螺纹轴柔性加工流程

上下料流程包括分析零件图、制订加工工艺、工业机器人末端执行器（抓手）设计、工业机器人上下料运动轨迹规划、工业机器人上下料程序及数控加工程序编写、工业机器人与数控车床联机进行自动上下料加工。上下料流程图参考图 4-1。

二、分析零件图和制订加工工艺

1. 分析零件图（图 4-17）

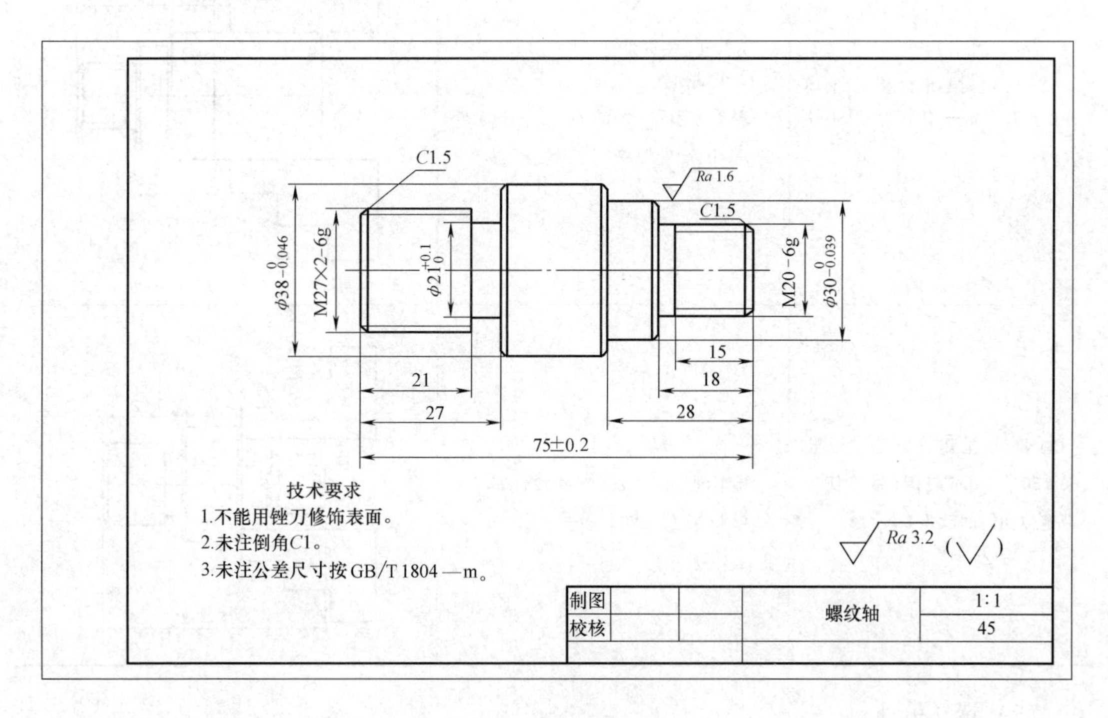

图 4-17　螺纹轴零件图

（1）零件轮廓分析

1）该螺纹轴的结构特征主要包括圆柱面、倒角、槽和螺纹，属于较复杂的一般轴类零件。

2）本任务所加工的螺纹轴零件左端是 M27×2-6g 的普通螺纹。螺纹按用途分为连接螺纹和紧固螺纹，普通螺纹用于连接。

3）普通外螺纹的牙型角为 60°。普通螺纹可分为细牙螺纹和粗牙螺纹，图中 M20-6g 属于粗牙螺纹。

4）零件左端槽的宽度为 6mm，槽低直径为 $\phi 21^{+0.1}_{0}$mm，它的作用是螺纹刀的退刀槽。

（2）尺寸精度分析

1）$\phi30_{-0.039}^{\ 0}$mm、$\phi38_{-0.046}^{\ 0}$mm；尺寸精度等级为h8。

2）75mm：工件总长公称尺寸，极限偏差为±0.2mm。

3）其余未注公差尺寸按GB/T 1804—m。

（3）表面粗糙度分析

$\phi30_{-0.039}^{\ 0}$mm圆柱面表面粗糙度值为$Ra1.6\mu m$，其余表面的表面粗糙度值为$Ra3.2\mu m$。

2. 制订加工工艺

（1）制订加工步骤（表4-8）

表4-8　加工步骤

车削步骤	车削内容	图例说明
1)采用自定心卡盘装夹,毛坯伸出长度53mm,找正、夹紧工件	①找正、装夹工件 ②车端面 ③车 $\phi30_{-0.039}^{\ 0}$mm、$\phi38_{-0.046}^{\ 0}$mm外圆,M20-6g外螺纹	
2)调头,采用自定心卡盘装夹 $\phi30_{-0.039}^{\ 0}$mm外圆(可以使用带定位功能的软爪)	①装夹工件 ②车削保证总长(75±0.2)mm ③车 M27×2-6g外螺纹	

（2）选择量具

根据零件形状及精度要求选择以下量具，如图4-18所示，量具的量程及测量项目见表4-9。

a) M20-6g螺纹环规

b) M27×2-6g螺纹环规

图4-18　量具

表 4-9　量具

序号	测量项目	选用的量具及量程
1	外圆	外径千分尺(0～25mm、25～50mm)
2	长度	游标卡尺(0～150mm)
3	M27×2-6g 螺纹中径	M27×2-6g 螺纹环规
4	M20-6g 螺纹中径	M20-6g 螺纹环规

（3）选择刀具

根据零件形状、精度及表面粗糙度要求选择相应刀具，同时要考虑刀具经济性和效率。刀具的选择如图 4-19 所示。

a) 90°外圆车刀(0.8mm刀尖圆弧半径)

b) 90°外圆车刀(0.4mm刀尖圆弧半径)

c) 外螺纹车刀

d) 外槽车刀

图 4-19　刀具

1）90°外圆车刀：0.8mm 刀尖圆弧半径，端面加工，外圆粗加工。

2）90°外圆车刀：0.4mm 刀尖圆弧半径，端面加工，外圆精加工。

3）外螺纹车刀：0.2mm 刀尖圆弧半径，适用于加工螺纹距 1.5～3mm 的螺纹，加工 M27×2-6g、M20-6g 外螺纹。

4）外槽车刀：刀宽 3mm，加工深度 $L>103$mm，用于外沟槽加工。

3. 机床、工业机器人的选择及上下料工作台布局

（1）机床、工业机器人的选择　先根据零件轮廓形状选择匹配的数控车床进行加工，测算零件的重量，选择能承受零件重量的工业机器人本体。

1）数控车床的选择。该零件为轴类零件，对外圆表面及加工尺寸的要求不高，故机床的选择应考虑经济性和效率。本任务选择 CK6132 型数控车床，数控系统为 980TD，参考模块四任务一中图 4-5。该机床有符合柔性加工所需的液压卡盘、气动门等相关附件。

2）工业机器人的选择。根据测算，零件的重量小于 7kg，故选择三菱 RV-7F 型工业机器人（参考模块四任务一中图 4-6），该型号工业机器人可承受小于或等于 7kg 重量的物体搬运，重复定位精度为±0.02mm，符合零件装夹及搬运要求。

（2）机床、工业机器人及上下料工作台布局

1）布局要求。上下料工作台必须布置在工业机器人上下料运动行程范围内，如图 4-20

所示。工业机器人前臂能伸至机床卡盘处，能进行无障碍上下料动作。

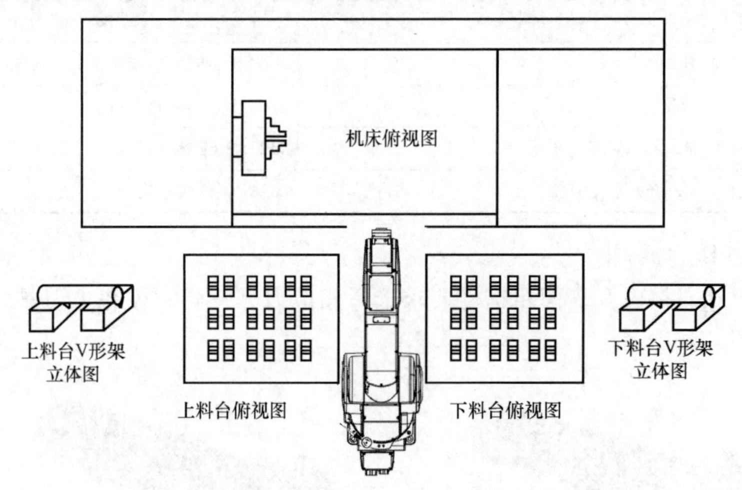

图 4-20 机床、工业机器人及上下料工作台布局

2）布局说明。为保证工业机器人搬运位置精度，上下料工作台必须固定并且不可移动，上下料工作台上的 V 形架必须固定在上、下料工作台上，不可移动。

三、工业机器人抓手设计及自动上下料轨迹规划

1. 工业机器人抓手设计

（1）设计要求 如图 4-21 所示，工业机器人抓手圆弧直径应按照所被抓取工件直径的大小、厚度来设计，要保证所被抓取的工件在移动和装夹过程中不松动。

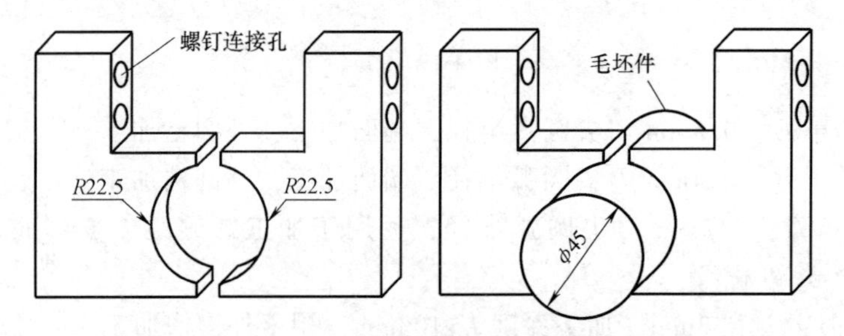

图 4-21 工业机器人抓手设计

（2）设计说明 如图 4-22 所示，工业机器人抓手分为上料、下料抓手，上料抓手抓取毛坯件，下料抓手抓取成形工件。在制作和加工过程中，应按照统一的安装尺寸加工工业机器人抓手，同时上、下料抓手应做好标识，以便于区分。

2. 自动上下料轨迹规划

工件送往机床卡盘装夹前，应保证被抓取工件姿态是水平状态，同时被抓取工件的轴线与机床的回转中心线重合。如工件姿态不找正就进行装夹，会导致工件装夹位置出现偏差，降低加工精度，抓手也会因转矩过大而出现变形或者损坏。

（1）被抓取工件的姿态找正 如图 4-10 所示，使用百分表找正被抓取工件时，表座必须固定在机床某一位置，对被抓取工件的垂直和水平方向侧素线进行找正。

（2）被抓取工件轴线与机床卡盘回转中心线重合找正 如图 4-11 所示，使用百分

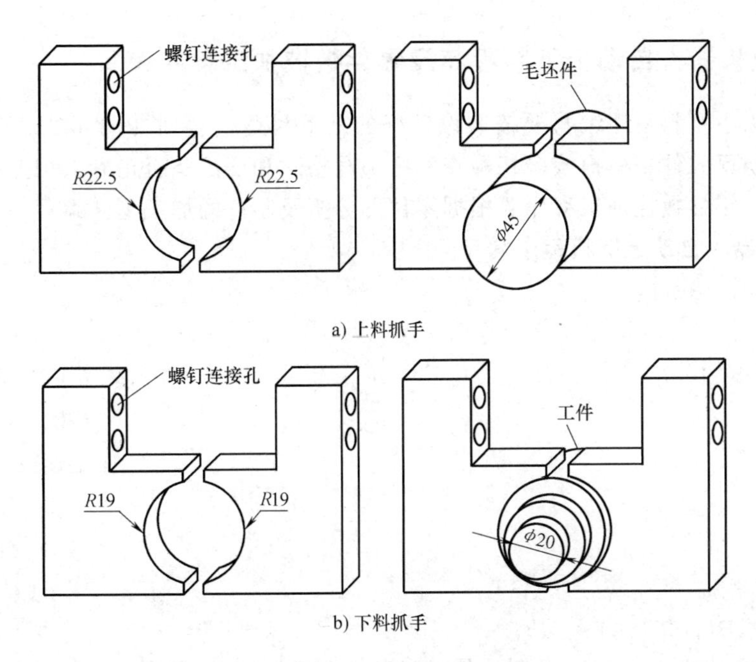

图 4-22　上下料抓手设计

表找正工件轴线与机床回转中心线重合时，百分表的表座须固定在机床卡盘上某一位置。通过旋转机床卡盘，调整工业机器人抓手位置，逐步找正工件轴线与机床回转中心线重合。

（3）上下料路线规划　上下料路线规划共设有工件抓取、工件放置、搬运过渡、工件装夹 4 个位置点。上下料顺序如图 4-23 所示，为抓取工件位置点→搬运过渡位置点→工件装夹位置点→放置工件位置点。其中抓取工件位置点和放置工件位置点是随着工业机器人抓取次数、放置次数变化的，变化量为相应的偏移量。

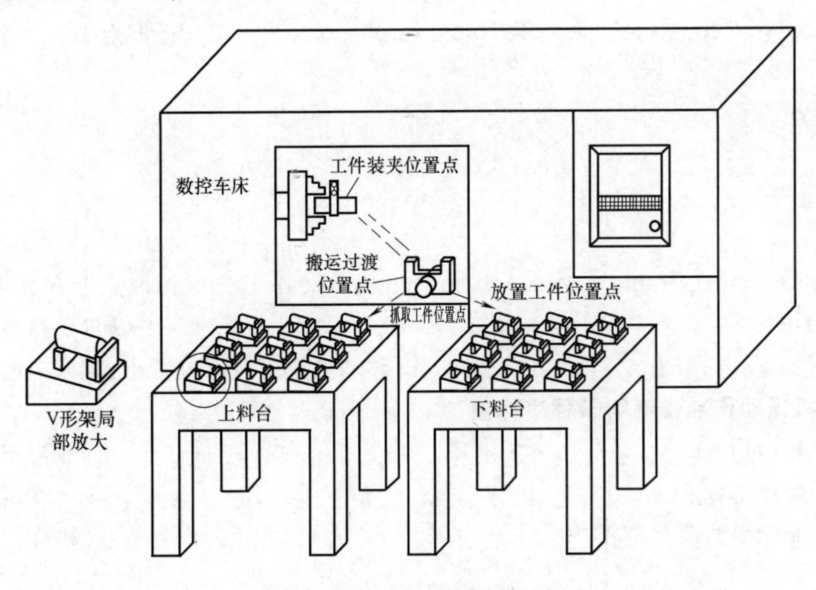

图 4-23　上下料路线规划图

四、工业机器人自动上下料程序及零件数控加工程序编写

工业机器人上下料程序编写要按照设计好的上下料路线规划（图 4-23）进行。程序编写完成后，在仿真软件中模拟校验，检查程序书写格式和语法是否正确、工业机器人运行轨迹是否有干涉。零件数控加工程序要根据零件图分析及制订的加工工艺编写。

1. 工业机器人自动上下料程序编写

```
(LUO WEN ZHOU)                                                    (程序名)
Servo On                                                          (工业机器人上电)
Wait M_Svo=1                                                      (等待伺服电气上电)
OAdl On                                                           (指定最佳加减速度)
Spd 2000                                                          (指定速度为 2000mm/s)
HOpen 1                                                           (打开 1 号抓手)
HOpen 2                                                           (打开 2 号抓手)
Cnt 1                                                             (动作连续有效)
Def  Plt 1,P1,P2,P3,P4,3,3,1
                        [对 1 号上料工作台进行定义(位置、大小、数量、编号顺序)]
Def  Plt 2,P5,P6,P7,P8,3,3,1
                        [对 2 号下料工作台进行定义(位置、大小、数量、编号顺序)]
M11=1                                       (对上料工作台的 V 形架编号,初始编号为 1)
M21=1                                       (对下料工作台的 V 形架编号,初始编号为 1)
N=0                                                               (运行次数清零)
Mov P100                                    (移动到搬运过渡位置点,机床门前等待位置)
*L1：上料工作台码垛取料子程序标签
P200=Plt 1,M11                                                    (码垛,定义抓取点)
Mov P200+(+0.00,+0.00,+250.00,+0.00,+0.00,+0.00)      (抓取点上方 Z 轴+250mm)
Spd 800
Mvs P200                                                          (抓取点)
Dly 0.5
HClose 1
Dly 0.5
Mvs P200+(+0.00,+0.00,+250.00,+0.00,+0.00,+0.00)      (抓取点上方 Z 轴+250mm)
M11=M11+1                                                         (码垛,取料次数运算)
Mov P100                                    (移动到搬运过渡位置点,机床门前等待位置)
*L2：机床动作准备就绪子程序标签
Wait M_In(11)=1                                                   (数控车床准备好)
M_Out(12)=1 Dly 1                                                 (机床门打开)
Wait M_In(14)=1                                                   (机床门打开到位)
Dly 2                                                             (延迟 2s)
*L3：工业机器人给机床上料子程序标签
```

Mvs P13+(+0.00,+100.00,+150.00,+0.00,+0.00,+0.00)
[抓手1直线移动到工件装夹位置点(Y+100mm,Z+150mm)]
Spd 800　(指定速度为800mm/s)
Mvs P13+(+0.00,+100.00,+0.00,+0.00,+0.00,+0.00)
[抓手1直线移动到工件装夹位置点(Y+100mm)]
M_Out(15)=1 Dly 1　(机床卡盘卡爪松开请求)
Dly 1　(延迟1s)
Mvs P13　(抓手1直线移动到工件装夹位置点)
M_Out(14)=1 Dly 1　(机床夹具关闭请求)
Dly 1　(延迟1s)
HOpen 1　(打开1号抓手)
Mvs P13+(+0.00,+100.00,+0.00,+0.00,+0.00,+0.00)
[抓手1直线移动到工件装夹位置点(Y+100mm)]
Mvs P100　(直线移动到搬运过渡位置点,机床门前等待位置)
M_Out(13)=1 Dly 1　(机床门关闭)
M_Out(11)=1 Dly 1　(机床供应完成。运行到此段程序时,数控车床执行加工程序)

***L4:工业机器人给机床下料子程序标签**

Mvs P14+(+0.00,+100.00,+150.00,+0.00,+0.00,+0.00)
[抓手2直线移动到放置工件位置点(Y+100mm,Z+150mm)]
Spd 800　(指定速度为800mm/s)
Mvs P14+(+0.00,+100.00,+0.00,+0.00,+0.00,+0.00)
[抓手2直线移动到放置工件位置点(Y+100mm)]
Dly 1　(延迟1s)
Mvs P14　(直线移动到放置工件位置点)
HClose 2　(关闭2号抓手)
Dly 1　(延迟1s)
M_Out(15)=1 Dly 1　(机床卡盘卡爪松开请求)
Mvs P14+(+0.00,+100.00,+0.00,+0.00,+0.00,+0.00)
[抓手2直线移动到放置工件位置点(Y+100mm)]
Mvs P14+(+0.00,+100.00,+150.00,+0.00,+0.00,+0.00)
[抓手2直线移动到放置工件位置点(Y+100mm,Z+150mm)]
Mvs P100　(移动到搬运过渡位置点,机床门前等待位置)

***L5:下料工作台码垛放料子程序标签**

P300=Plt2,M21　(码垛,定义放置点)
Mov P300+(+0.00,+0.00,+250.00,+0.00,+0.00,+0.00)
(直线移动到放置点上方Z轴+250mm)
Spd 800
Mvs P300　(放置点)
Dly 0.5

```
HOpen 2
Dly 0.5
Mvs P300+(+0.00,+0.00,+250.00,+0.00,+0.00,+0.00)(0,0)
                                    (直线移动到放置点上方 Z 轴+250mm)
M21=M21+1                           (码垛,放置点次数运算)
N=N+1                               (每运行一次加 1)
If N<9 Then *L1                     (如果运行次数<9,调转*L1 继续运行)
Mov P100                            (曲线移动到搬运过渡位置点,机床门前等待位置)
End                                 (程序结束语)
```

工业机器人示教点说明见表 4-10。

表 4-10　工业机器人示教点说明

序号	点序号	注释	备注
1	P100	过渡点,门前等待位置点	需示教
2	P200	上料工作台抓取点	赋值
3	P300	下料工作台放置点	赋值
4	P1	上料工作台起始点	需示教
5	P2	上料工作台终点 A	需示教
6	P3	上料工作台终点 B	需示教
7	P4	上料工作台对角点	需示教
8	P5	下料工作台起始点	需示教
9	P6	下料工作台终点 A	需示教
10	P7	下料工作台终点 B	需示教
11	P8	下料工作台对角点	需示教
12	P13	抓手 1 机床装夹位置点	需示教
13	P14	抓手 2 机床卸料位置点	需示教

2. 零件数控加工程序编写

(1) 工序 1　螺纹轴加工程序。

(工序 1)

```
O0001                               (程序名)
M80                                 (运行到此段时执行工业机器人程序)
M06                                 (机床门关闭)
T0101 M08                           (采用 1 号刀具粗车)
G00 X100 Z100
M03 S1200
G00 X47 Z2
G94 X-1 Z0 F120
G71 U1 R1
G71 P1 Q2 U0.5 W0.05 F200
N1 G00 X17
G01 Z0 F150
```

```
X20 W-1.5
Z-18
X28
X30 W-1
Z-28
X36
X38 W-1
Z-49
N2 X47
G00 X100 Z100
T0202 M03 S1500                    (采用2号刀具精车)
G00 X47 Z2
G70 P1 Q2
G00 X100 Z100
T0404 M03 S1000                    (采用4号螺纹车刀)
G00 X25 Z4
G92 X19.2 Z-16 F2.5
X18.4
X18
X17.7
X17.4
X17.2
X17
X16.85
G00 X100 Z300
M05
M07                                (机床门打开)
M30
```

（2）工序2　螺纹轴加工程序。

```
(工序2)
O0002                              (程序名)
M80                                (运行到此段时执行工业机器人程序)
M06                                (机床门关闭)
T0101 M08                          (采用1号刀具粗车)
G00 X100 Z100
M03 S1200
G00 X47 Z2
G94 X-1 Z0 F120
G71 U1 R1
```

```
G71 P1 Q2 U0.5 W0.05 F200
N1 G00 X23.8
G01 Z0 F150
X26.8 W-1.5
Z-27
X36
X38 W-1
N2 X47
G00 X100 Z100
T0202 M03 S1500                                 (采用2号精车)
G00 X47 Z2
G70 P1 Q2
G00 X100 Z100
T0303 M03 S800                                  (采用3号外槽车刀)
G00 X29 Z2
G00 Z-26
G01 Z-27 F80
G01 Z-27 F80
X21
G00 X29
G00 W1
G01 X21 F80
G01 W-1
G00 X29
G00 X100 Z100
T0404 M03 S1000                                 (采用4号螺纹车刀)
G00 X32 Z4
G92 X26.2 Z-22 F2
X25.6
X25.2
X24.9
X24.7
X24.55
X24.5
X24.4
G00 X100 Z300
M05
M07                                             (机床门打开)
M30
```

五、机床、工业机器人联机自动上下料加工及零件精度检测

1. 机床、工业机器人联机自动上下料加工

在联机运行前，通过工业机器人控制器输出信号检测机床执行动作（液压卡盘动作、气动门动作），如机床执行动作正常，才可以联机运行。如果工业机器人控制器输出信号机床无法检测到，无执行动作，则不可以联机运行，以免造成工业机器人与机床动作不衔接，出现碰撞。联机运行步骤参考模块四任务一中图 4-13 所示。

2. 零件精度检测

根据零件图要求检测相关数据，把实际测量数据填写在表 4-11 中。

表 4-11　测量数据

零件名称	螺纹轴		图号		检验人		
检验项目	序号	检验内容及要求		量 具	检验结果		备注
		公称尺寸	表面粗糙度 $Ra/\mu m$		实测尺寸	表面粗糙度 $Ra/\mu m$	
尺寸精度	1	$\phi38_{-0.046}^{0}$	1.6	千分尺			
	2	$\phi30_{-0.039}^{0}$	1.6	千分尺			
	3	$\phi21_{0}^{+0.1}$	3.2	游标卡尺			
	4	(75±0.2)mm	3.2	游标卡尺			
	5	M20-6g	3.2	螺纹环规			
	6	M27×2-6g	3.2	螺纹环规			

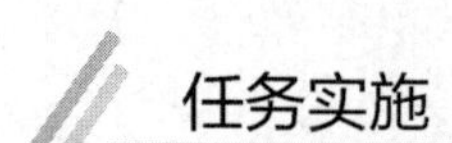

任务实施

一、任务准备

实施本任务教学所使用的实训设备及工具材料可参考表 4-12。

表 4-12　实训设备及工具材料

序号	分类	名称	型号/规格	数量	单位	备注
1	机床	GSK980TD	CK6132	2	台	广数系统
2	刀具	90°外圆车刀	MWLNR2020K08	1	把	0.8mm 刀尖圆弧半径
		90°外圆车刀	MWLNR2020K08	1	把	0.4mm 刀尖圆弧半径
		外螺纹车刀	SER-2525M16	1	把	螺距 0.5~3mm
		外槽车刀	MGEHR2020-3KC	1	把	刀宽 3mm
3	量具	千分尺	25~50mm	1	把	
		游标卡尺	0~150mm	1	把	
		环规	M20-6g 螺纹环规	1	副	
			M27×2-6g 螺纹环规	1	副	
4	抓手	抓取轴类零件抓手	根据工件直径自定	4	副	物料间领料
5	附件	物料托盘	自定	2	个	物料间领料

二、工业机器人抓手安装

工业机器人抓手分为抓取毛坯的上料抓手和抓取已加工成品的下料抓手，如图 4-24 所示。在安装抓手时要依据程序中指定的抓手编号位置安装，如程序中指定 1 号位置抓手为上料抓手，则对应安装与其相符的上料抓手，如程序中指定 2 号位置抓手为下料抓手，则对应安装与其相符的下料抓手。

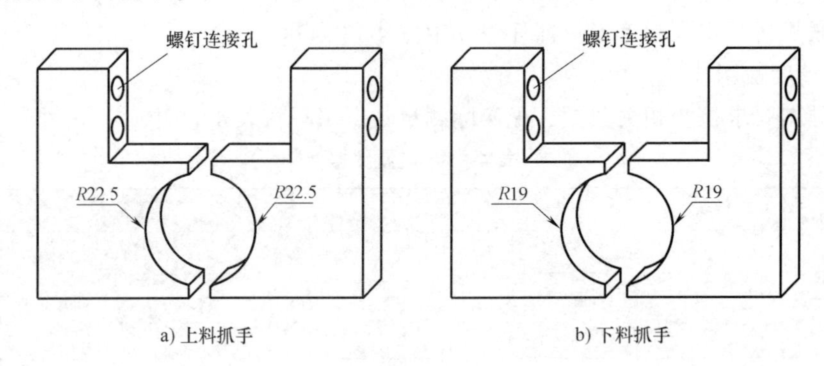

图 4-24 工业机器人上下料抓手

三、工业机器人搬运位置点示教

工业机器人上下料路线规划共设有工件抓取、工件放置、搬运过渡和工件装夹 4 个位置点，参考模块四任务一中图 4-15 所示，运行顺序为抓取工件位置点→搬运过渡位置点→工件装夹位置点→放置工件位置点。在示教位置点时要考虑工业机器人的工作行程范围，并且保证工业机器人抓手运行至各个示教位置点时不出现干涉。

四、联机测试运行

（1）机床、三菱工业机器人信号表（表 4-13）

表 4-13 机床、三菱工业机器人信号表

工业机器人→机床(输出)	状态	机床→工业机器人(输入)	状态
M_Out(11) = 1	机床供应完成	M_In(11) = 1	机床条件允许
M_Out(12) = 1	机床门打开	M_In(12) = 1	机床夹具关闭到位
M_Out(13) = 1	机床门关闭	M_In(13) = 1	机床夹具打开到位
M_Out(14) = 1	机床夹具打开	M_In(14) = 1	机床门打开到位
M_Out(15) = 1	机床夹具关闭	M_In(15) = 1	机床门关闭到位

注：本任务工业机器人与机床信号交互是 I/O 直连，没有经过总控 PLC 等设备。

（2）机床、三菱工业机器人联机自动上下料加工　在联机运行前必须对工业机器人与机床进行信号检测，如图 4-25 所示，在保证输出信号和反馈信号正常接收的情况下，才可以联机运行进行上下料加工。

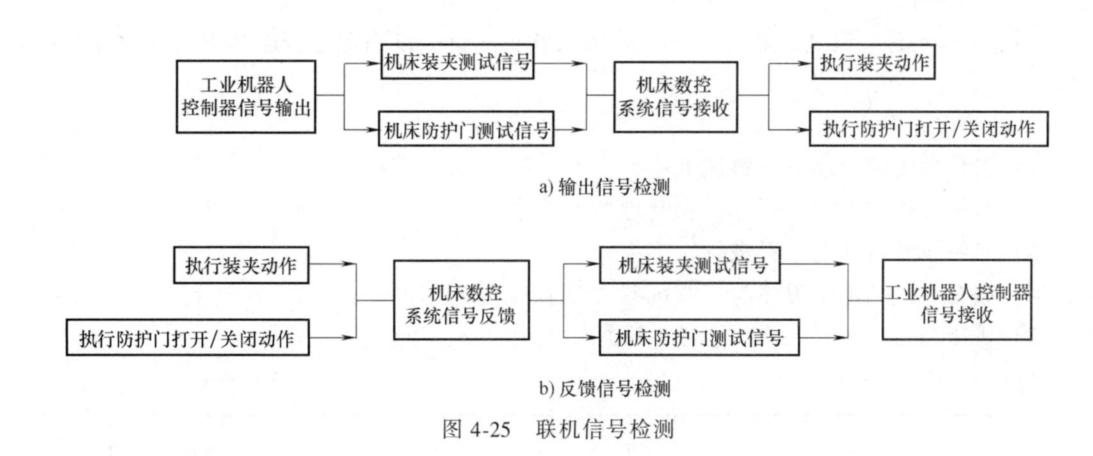

图 4-25　联机信号检测

任务测评

对任务实施的完成情况进行检查，并将结果填入表 4-14 中。

表 4-14　任务测评表

序号	主要内容	考核要求	评分标准	配分	扣分	得分
1	工业机器人抓手安装	抓手与法兰连接口固定牢靠，不松动	1）抓手与法兰连接不正确，扣 5 分 2）抓手松动，扣 5 分 3）损坏抓手或法兰，扣 10 分	10		
2	位置点示教操作	位置点的设置合理正确，运行无干涉	1）抓取工件位置点设置不合理扣 10 分 2）放置工件位置点设置不合理扣 10 分 3）搬运位置过渡点设置不合理扣 10 分 4）工件装夹位置点设置不合理扣 10 分 5）运行位置点有干涉，每个位置点扣 10 分	50		
3	工业机器人程序编写	主程序、子程序编写逻辑、书写格式正确	1）程序编写逻辑不合理扣 10 分 2）程序书写格式不正确扣 10 分	20		
4	联机运行检测	输出、反馈信号检测	1）输出信号操作错误扣 5 分 2）反馈信号操作错误扣 5 分	10		
5	安全文明生产	劳动保护用品穿戴整齐；遵守操作规程；讲文明礼貌；操作结束要清理现场	1）操作中，违反安全文明生产考核要求的任何一项，扣 5 分，扣完为止 2）当发现有重大事故隐患时，要立即制止学生，每次都要扣安全文明生产总分（5 分）	10		
合计				100		
开始时间：			结束时间：			

拓展训练

某企业新设计的设备包含了一种螺纹轴零件（图 4-26），在正式投产前需要在 3 个工作日内采用数控车床（广数 980TD 系统）及工业机器人（三菱系统）进行自动上下料试制加工。技术人员在试制前需要分析零件图、合理制订加工工艺、编写机床加工程序及工业机器人自动上下料程序，并通过机床与工业机器人联机运行，以确定是否能加工出符合要求的螺纹轴。

具体要求如下：

1）设计螺纹轴自动上下料加工流程。

2）对螺纹轴进行零件图分析和制订加工工艺。

3）对螺纹轴自动上下料进行轨迹规划。

4）编写螺纹轴加工程序与工业机器人上下料运行程序。

5）机床与工业机器人联机运行，进行加工及自动上下料。

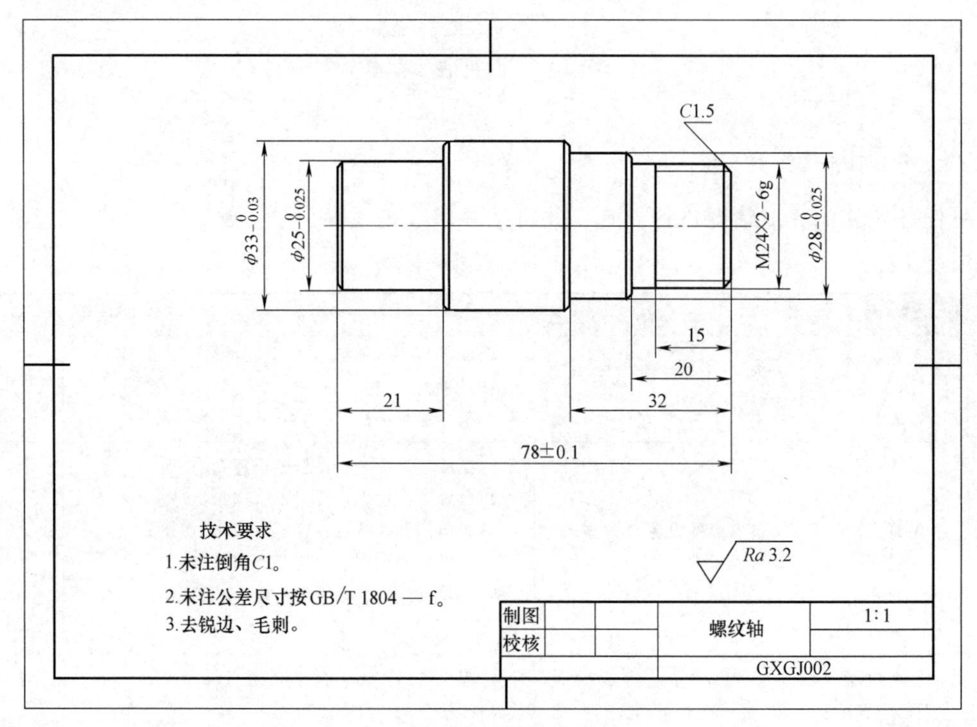

图 4-26　零件图

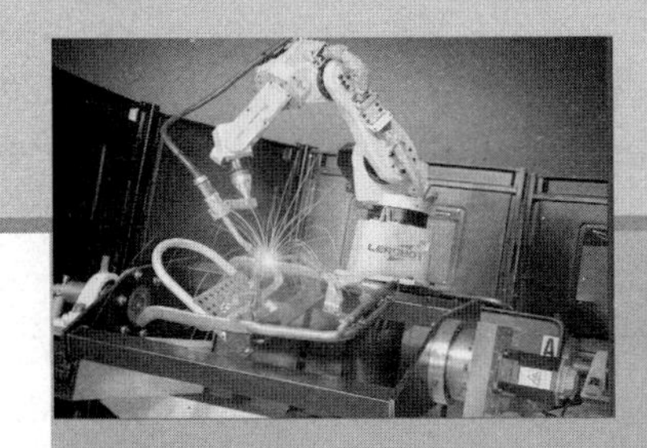

模块五

工业机器人柔性加工案例（套类零件）

任务一　隔套柔性加工

学习目标

知识目标：1. 掌握隔套柔性加工流程设计方法。
　　　　　2. 了解三菱工业机器人上下料抓手的设计原理。
　　　　　3. 能正确分析零件图并制订零件加工工艺。

能力目标：1. 能正确掌握三菱工业机器人自动上下料运行轨迹规划方法。
　　　　　2. 能正确编写三菱工业机器人自动上下料程序及零件加工程序。
　　　　　3. 掌握机床、三菱工业机器人联机运行操作方法。

工作任务

某企业新设计的设备包含一种隔套零件，在正式投产前需要在3个工作日内采用数控车床（广数系统）及工业机器人（三菱系统）进行自动上下料试制加工。技术人员在试制前需要分析零件图、合理制订加工工艺、编写机床加工程序及工业机器人自动上下料程序，并通过机床与工业机器人联机运行，以确定是否能加工出符合要求的隔套。

具体要求如下：

1）设计隔套柔性加工流程。

2）对隔套进行零件图分析和制订加工工艺。

3）对隔套自动上下料进行轨迹规划。

4）编写隔套加工程序与工业机器人上下料运行程序。

5）机床与工业机器人联机运行，进行加工及自动上下料。

知识储备

一、设计隔套柔性加工流程

隔套柔性加工流程包括分析零件图、制订加工工艺、工业机器人末端执行器（抓手）

设计、工业机器人上下料运动轨迹规划、工业机器人上下料程序及数控加工程序编写、工业机器人与数控车床联机进行自动上下料加工，如图 5-1 所示。

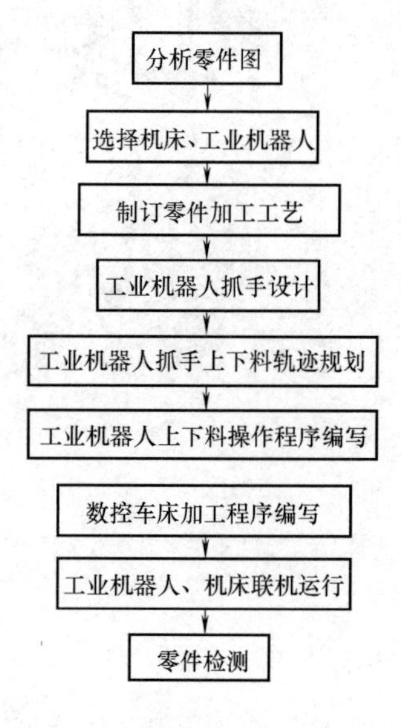

图 5-1　隔套柔性加工流程图

二、分析零件图和制订加工工艺

1. 分析零件图（图 5-2）

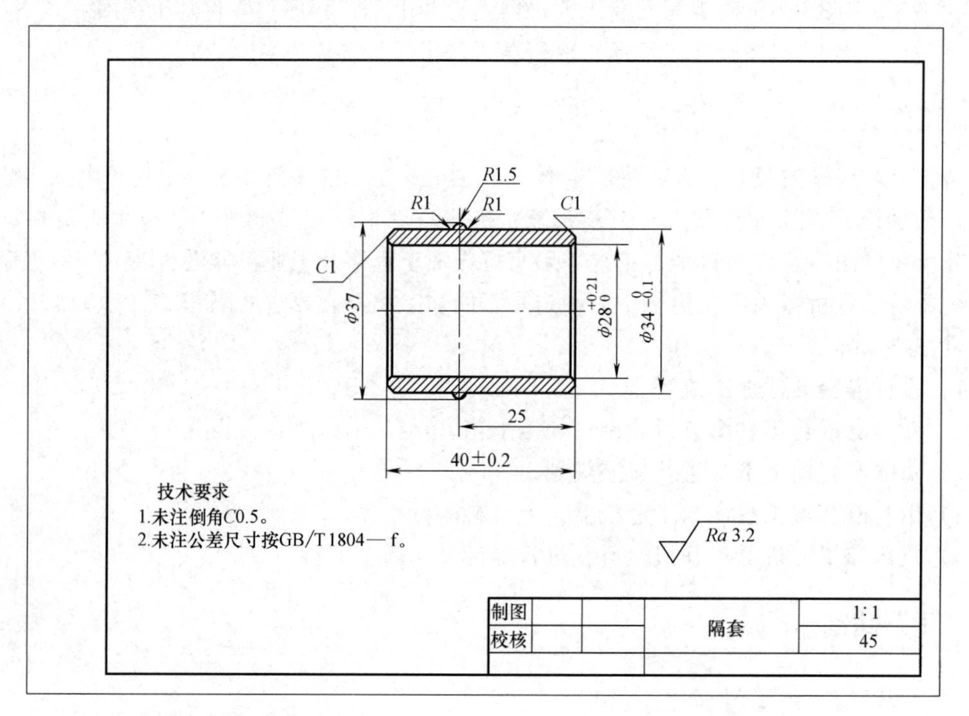

图 5-2　隔套零件图

（1）零件轮廓分析

1）该零件毛坯为管料，材料是 45 钢。

2）$\phi37$mm 外圆无尺寸公差要求，$\phi34_{-0.1}^{\ 0}$mm、$\phi28_{\ 0}^{+0.21}$mm 对尺寸公差要求较高。

（2）尺寸精度分析

1）$\phi34_{-0.1}^{\ 0}$mm 尺寸精度等级为 h10。

2）$\phi28_{\ 0}^{+0.21}$mm 尺寸精度等级为 H12。

3）40mm 为工件总长公称尺寸，极限偏差为±0.2mm。

4）其余未注公差尺寸按 GB/T 1804—f。

（3）表面粗糙度分析　依据图中标注，零件全部表面粗糙度值为 $Ra3.2\mu m$。

2. 制订加工工艺

（1）制订加工步骤（表 5-1）

表 5-1　加工步骤

车削步骤	车削内容	图例说明
1）采用自定心卡盘装夹，毛坯伸出长度 30mm，找正、夹紧工件	①找正、装夹工件 ②车端面 ③车 $\phi34_{-0.1}^{\ 0}$mm 外圆（包括 $R1$mm 圆弧），外圆倒角 ④车 $\phi28_{\ 0}^{+0.21}$mm 内孔，内孔倒角	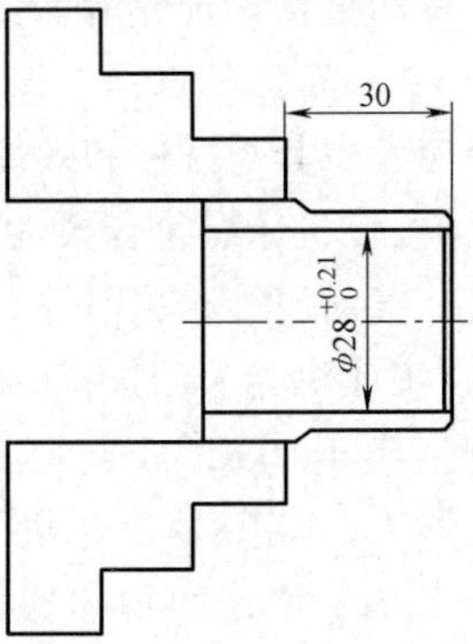
2）调头，采用自定心卡盘装夹 $\phi34_{-0.1}^{\ 0}$mm 外圆（可以使用带定位功能的软爪）	①装夹工件 ②车削保证总长（40±0.2）mm ③车 $\phi34_{-0.1}^{\ 0}$mm 外圆，外圆倒角	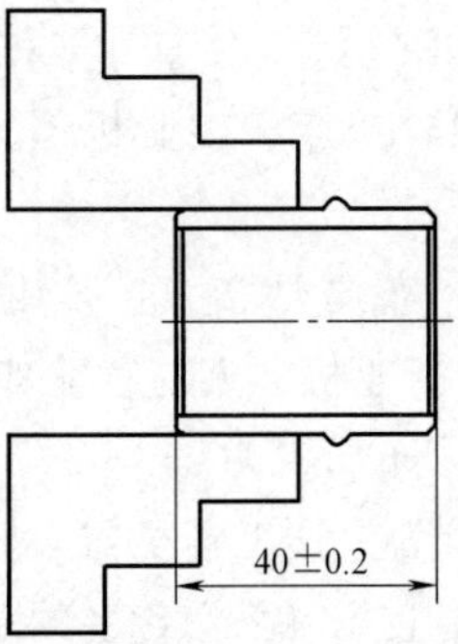

（2）选择量具　根据零件形状及精度要求选择以下量具，量具量程及测量项目见表 5-2。

表 5-2　量具

序号	测量项目	选用的量具及量程
1	外圆	外径千分尺（25~50mm）
2	长度、内孔	游标卡尺（0~150mm）

（3）选择刀具　根据零件形状、精度及表面粗糙度要求选择相应刀具，同时要考虑刀具经济性和加工效率，刀具的选择如图 5-3 所示。

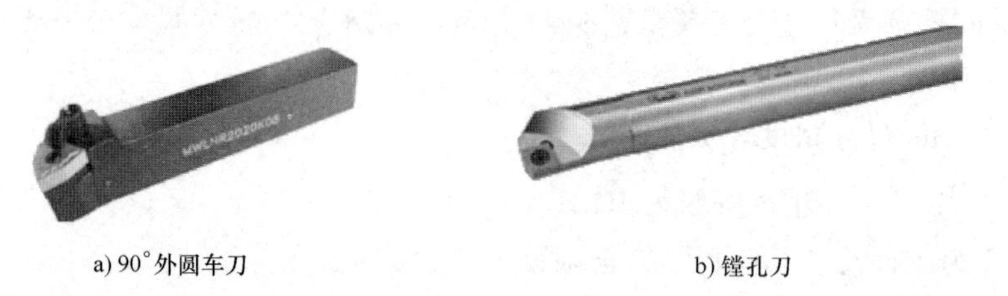

a) 90°外圆车刀　　b) 镗孔刀

图 5-3　刀具

1）90°外圆车刀：0.4mm 刀尖圆弧半径，端面加工，外圆粗、精加工。

2）镗孔刀：0.4mm 刀尖圆弧半径，内孔粗、精加工。

3. 机床、工业机器人的选择及上下料工作台布局

（1）机床、工业机器人的选择　先根据零件轮廓形状选择匹配的数控车床进行加工，测算零件的重量，选择能承受零件重量的工业机器人本体。

1）数控车床的选择。该零件为套类零件，对外圆表面及加工尺寸的要求不高，故机床的选择应考虑其经济性和效率。本任务选择 CK6132 型数控车床，数控系统为 980TD，如图 5-4 所示。该机床有符合柔性加工所需的液压卡盘、气动门等相关附件。

2）工业机器人的选择。根据测算，零件的重量小于 7kg，故选择三菱 RV-7F 型工业机器人。该型号工业机器人可承受小于或等于 7kg 重量的物体搬运，重复定位精度为 ±0.02mm，符合零件装夹及搬运要求。

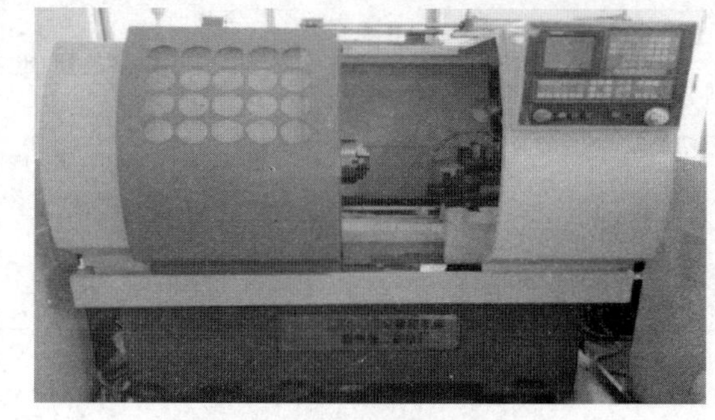

图 5-4　CK6132 型数控车床

（2）机床、工业机器人及上下料工作台布局

1）布局要求。上下料工作台必须布置在工业机器人上下料运动行程范围内，如图 5-5 所示。工业机器人前臂能伸至机床卡盘处，能进行无障碍上下料动作。

2）布局说明。

① 为保证工业机器人搬运位置精度，上下料工作台必须固定并且不可移动。

② 上下料工作台上的定位工装必须固定在工作台上并且不可移动。

③ 定位工装起到定位工件的作用，工件端面必须与连接盘紧贴，如有较大间隙，则影响工件装夹的伸出长度和安装位置精度。

三、工业机器人抓手设计及自动上下料轨迹规划

1. 工业机器人抓手设计

（1）设计要求　如图 5-6 所示，工业机器人抓手圆弧直径应按照所被抓取工件直径的大小、厚度来设计，要保证所被抓取的工件在移动和装夹过程中不松动。

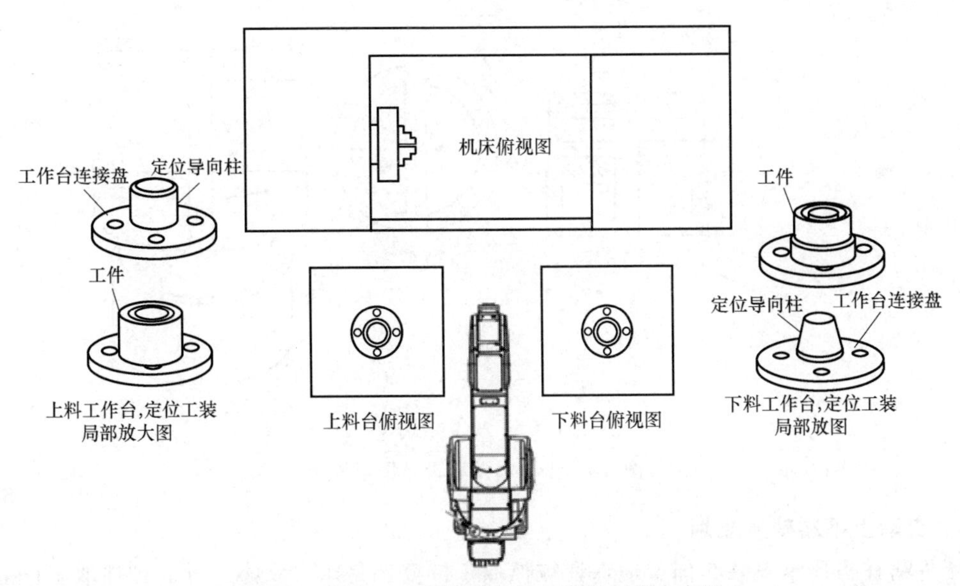

图 5-5　机床、工业机器人及上下料工作台布局

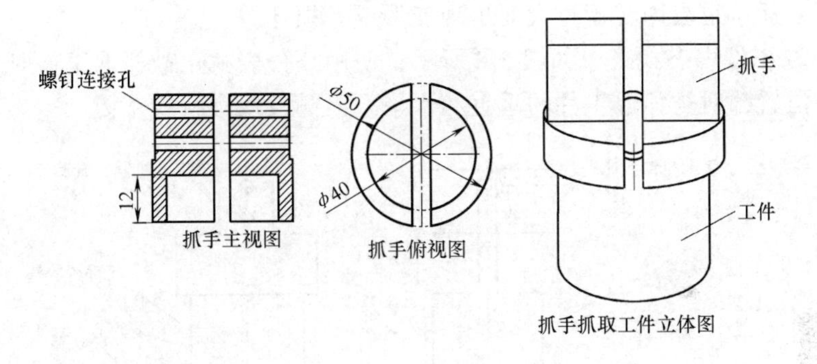

图 5-6　工业机器人抓手设计

（2）设计说明　如图 5-7 所示，工业机器人抓手分为上料、下料抓手，上料抓手抓取毛坯件，下料抓手抓取成形工件。工业机器人抓手在制作和加工过程中应按照统一安装尺寸加工，同时上、下料抓手应做好标识，便于区分。

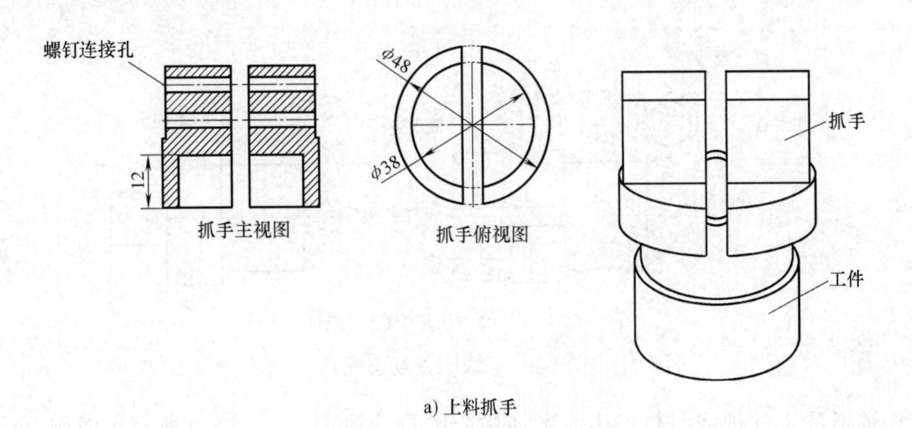

a) 上料抓手

图 5-7　上下料抓手设计图

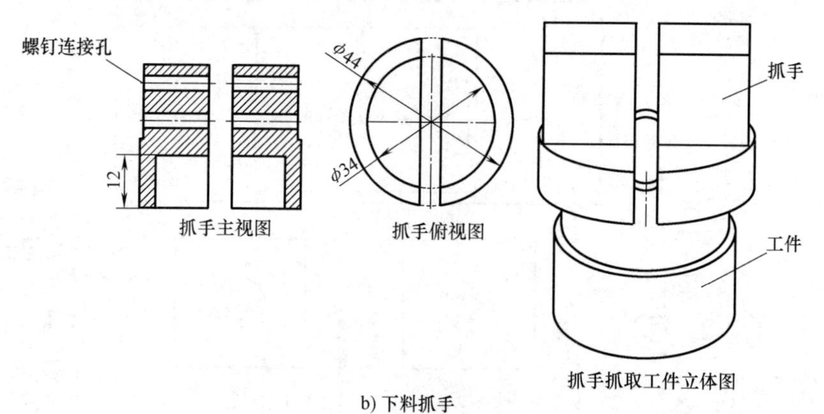

b) 下料抓手

图 5-7 上下料抓手设计图（续）

2. 自动上下料轨迹规划

工件送往机床卡盘装夹前，应保证被抓取工件姿态是水平状态，同时被抓取工件的轴线与机床的回转中心线重合。如工件姿态不找正就进行装夹，会导致工件装夹位置出现偏差，降低加工精度，抓手也会因转矩过大而出现变形或者损坏。

（1）被抓取工件姿态找正　如图 5-8 所示，使用百分表找正被抓取工件时，表座必须固定在机床某一位置，对被抓取工件的垂直和水平方向侧素线进行找正。

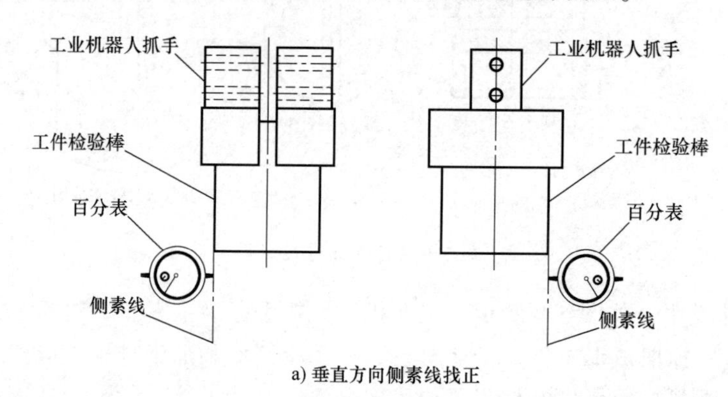

a) 垂直方向侧素线找正

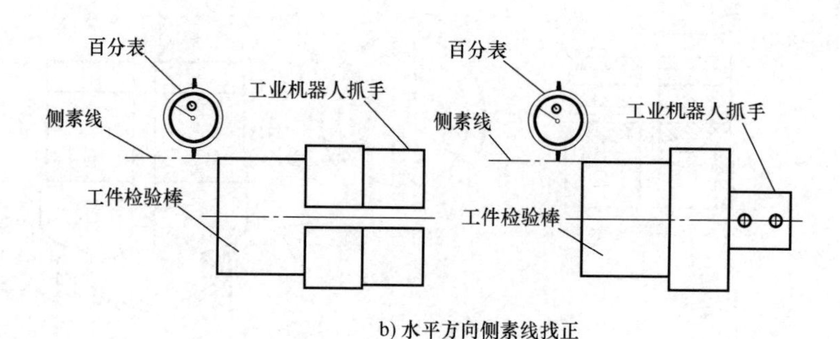

b) 水平方向侧素线找正

图 5-8 抓取工件姿态找正

（2）被抓取工件轴线与机床卡盘回转中心线重合找正　如图 5-9 所示，使用百分表找正工件轴线与机床回转中心线重合时，百分表的表座须固定在机床卡盘上某一位置。通过旋转机床卡盘，调整工业机器人抓手位置，逐步找正工件轴线与机床回转中心线重合。

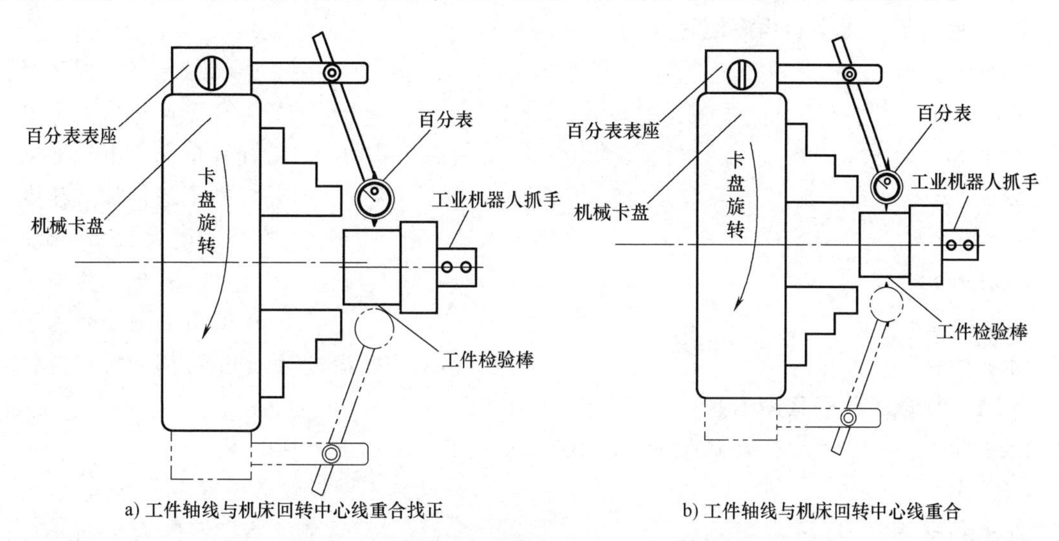

图 5-9　工件轴线与机床卡盘回转中心线找正

（3）上下料路线规划　上下料路线规划中共设有工件抓取、工件放置、搬运过渡、工件装夹 4 个位置点。上下料顺序如图 5-10 所示，为工件抓取位置点→搬运过渡位置点→工件装夹位置点→放置工件位置点。

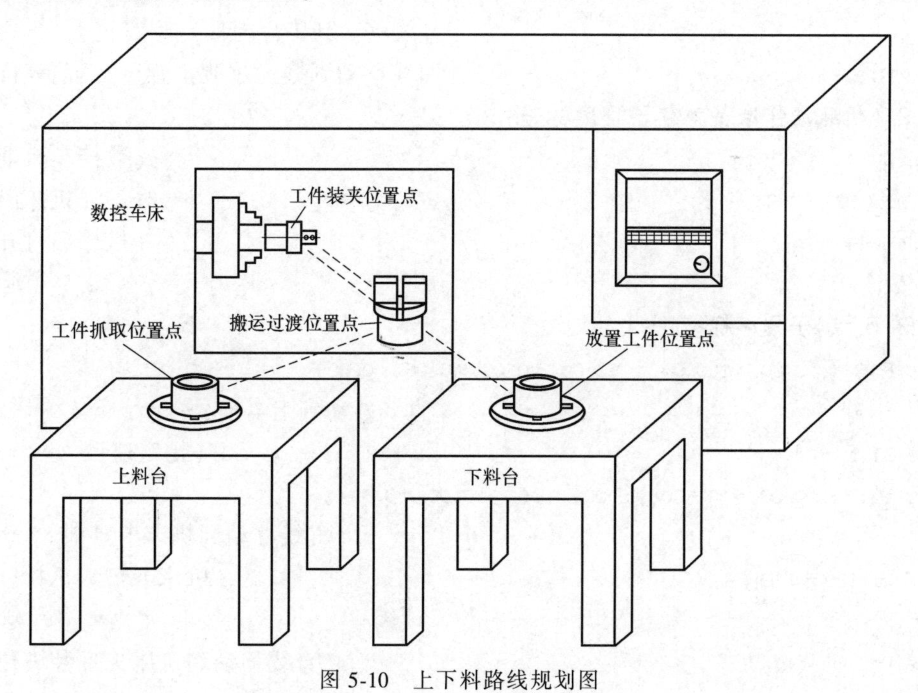

图 5-10　上下料路线规划图

四、工业机器人自动上下料程序及零件数控加工程序编写

工业机器人上下料程序编写要按照设计好的上下料路线规划（图 5-10）进行，程序编写完成后，在仿真软件中模拟校验，检查程序书写格式和语法是否正确、工业机器人运行轨

迹是否有干涉。零件数控加工程序要根据零件图分析及制订的加工工艺编写。

1. 工业机器人上下料程序编写

```
(GUN LUN ZHOU)                                  (主程序名)
Servo On                                        (工业机器人上电)
Wait M_Svo=1                                    (等待伺服电气上电)
OAdl On                                         (指定最佳加减速度)
Spd 2000                                        (指定速度为 2000mm/s)
HOpen 1                                         (打开 1 号抓手)
HOpen 2                                         (打开 2 号抓手)
Mov P100                                        (曲线移动到搬运过渡位置点,门前等待位置)
*L1 (抓取工件子程序标签)
Mov P1+( +000,+0.00,+150.00,+0.00,+0.00,+0.00)
                                                (直线移动到工件抓取点位置正上方+150mm)
Spd 800                                         (指定速度为 800mm/s)
Mvs P1                                          (直线移动到抓取点位置)
HClose 1                                        (关闭 1 号抓手)
Dly 1                                           (延迟 1s)
Mvs P1+( +000,+0.00,+150.00,+0.00,+0.00,+0.00)
                                                (直线移动到工件抓取点位置正上方+150mm)
Mov P100                                        (曲线移动到搬运过渡位置点,门前等待位置)
*L2 (机床动作准备就绪子程序标签)
Wait M_In(11)=1                                 (数控车床准备好)
M_Out(12)=1 Dly 1                               (机床门打开)
Wait M_In(14)=1                                 (机床门打开到位)
Dly 2                                           (延迟 2s)
*L3 (上料子程序标签)
Mvs P13+( +0.00,+100.00,+150.00,+0.00,+0.00,+0.00)
                                                [直线移动到卡盘前(Y+100mm,Z+150mm)]
Spd 800                                         (指定速度为 800mm/s)
Mvs P13+( +0.00,+100.00,+0.00,+0.00,+0.00,+0.00);
                                                (直线移动到机床卡盘前 Y+100mm)
M_Out(15)=1 Dly 1                               (机床卡盘卡爪松开请求)
Dly 1                                           (延迟 1s)
Mvs P13                                         (直线移动到机床工件装夹位置点)
M_Out(14)=1 Dly 1                               (机床夹具关闭请求)
Dly 1                                           (延迟 1s)
HOpen 1                                         (打开 1 号抓手)
Mvs P100                                        (直线移动到搬运过渡位置点,门前等待位置)
M_Out(13)=1 Dly 1                               (机床门关闭)
```

```
M_Out(11)=1 Dly 1          (机床供应完成。运行到此段程序时,数控车床执行加工程序)
*L4 (下料子程序标签)
Mvs P14+(+0.00,+100.00,+150.00,+0.00,+0.00,+0.00)
                                  [直线移动到卡盘前(Y+100mm,Z+150mm)]
Spd 800                                          (指定速度为 800mm/s)
Mvs P14+(+0.00,+100.00,+0.00,+0.00,+0.00,+0.00);
                                       (直线移动到机床卡盘前 Y+100mm)
Dly 1                                                      (延迟 1s)
Mvs P14                                    (直线移动到机床工件装夹位置点)
HClose 2                                              (关闭 2 号抓手)
Dly 1                                                      (延迟 1s)
M_Out(15)=1 Dly 1                                (机床卡盘卡爪松开请求)
Mvs P14+(+0.00,+100.00,+0.00,+0.00,+0.00,+0.00)
                                       (直线移动到机床卡盘前 Y+100mm)
Mvs P14+(+0.00,+100.00,+150.00,+0.00,+0.00,+0.00)
                                  [直线移动到卡盘前(Y+100mm,Z+150mm)]
Mvs P100                         (直线移动到搬运过渡位置点,门前等待位置)
*L5 (放置工件子程序标签)
Mvs P2+(+000,+0.00,+150.00,+0.00,+0.00,+0.00)
                               (直线移动到工件放置点位置正上方+150mm)
Mvs P2                                           (直线移动到放置点位置)
HOpen 2                                               (打开 2 号抓手)
Dly 1                                                      (延迟 1s)
Mov P100                         (曲线移动到搬运过渡位置点,门前等待位置)
End                                                   (主程序结束语)
```

工业机器人示教点说明见表 5-3。

表 5-3　工业机器人示教点说明

序号	点序号	注释	备注
1	P100	过渡点,门前等待位置点	需示教
2	P1	上料工作台抓取点	赋值
3	P2	下料工作台放置点	赋值
4	P13	上料工作台起始点	需示教
5	P14	上料工作台终点 A	需示教

2. 零件数控加工程序编写

(1) 隔套加工程序（工序 1）

```
O0001                                                      (程序名)
M80                                    (运行到此段时执行工业机器人程序)
M06                                                      (机床门关闭)
T0101 M08                                          (采用 1 号刀具粗车)
```

```
G00 X100 Z100
M03 S1200
G00 X42 Z2
G94 X-1 Z0 F120
G90 X37.5 Z-25 F180
G90 X35.5 Z-23 F180
G00 X32 Z2
G01 Z0 F150
X34 W-1
Z-22.71
G02 X35.2 Z-23.63 R1
G03 X37 Z-25 R1.5
G01 Z-47
G01 X42
G00 X100 Z100
T0303 S1000
G00 X30 Z2
G01 Z0 F150
X28 W-1
Z-42
X26
G00 Z300 M09
M05
M07
M30
```

（2）隔套加工程序（工序 2）

```
O0002                                    （程序名）
M80                                      （运行到此段程序时执行工业机器人程序）
M06                                      （机床门关闭）
T0101 M08                                （采用 1 号刀具粗车）
O0001                                    （程序名）
G00 X100 Z100
M03 S1200
G00 X42 Z2
G94 X-1 Z0 F120
G90 X37.5 Z-15 F180
G90 X37.5 Z-13 F180
G00 X32 Z2
G01 Z0 F150
```

```
X34 W-1
Z-12.71
G02 X35.2 Z-13.63 R1
G03 X37 Z-15 R1.5
G00 X100 Z100
T0303 S1000
G00 X30 Z2
G01 Z0 F150
X28 W-1
G00 Z300 M09
M05
M07
M30
```

五、机床、工业机器人联机自动上下料加工及零件精度检测

1. 机床、工业机器人联机自动上下料加工

在联机运行前必须通过工业机器人控制器输出信号检测机床执行动作（液压卡盘动作、气动门动作），如机床执行动作正常，才可以联机运行。如果工业机器人控制器输出信号机床无法检测到，无执行动作，则不可以联机运行，以免造成工业机器人与机床动作不衔接，出现碰撞。联机运行步骤如图 5-11 所示。

2. 零件精度检测

根据零件图要求检测相关数据，把实际测量数据填写在表 5-4 中。

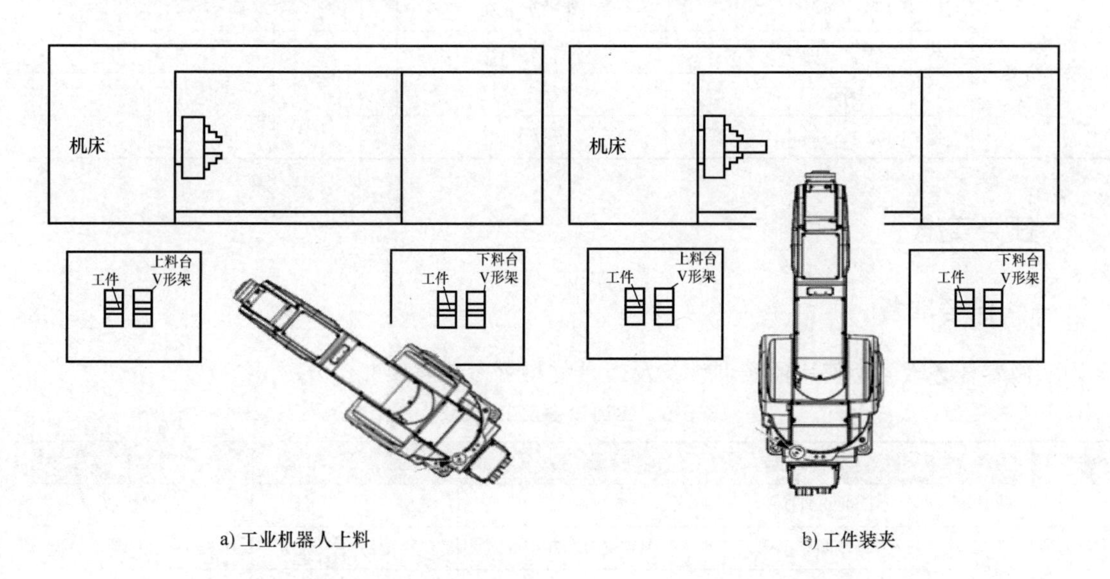

a) 工业机器人上料　　b) 工件装夹

图 5-11　联机运行步骤

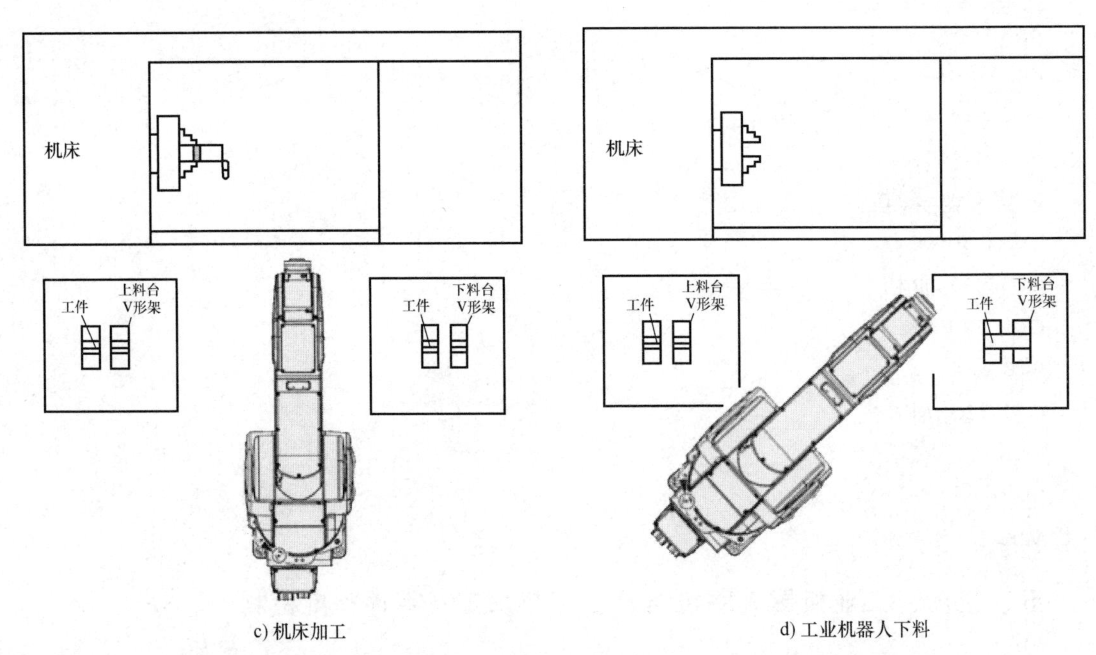

c) 机床加工　　d) 工业机器人下料

图 5-11　联机运行步骤（续）

表 5-4　测量数据

零件名称	隔套		图号		检验人		
检验项目	序号	检验内容及要求		量具	检验结果		备注
		公称尺寸	表面粗糙度 $Ra/\mu m$		实测尺寸	表面粗糙度 $Ra/\mu m$	
尺寸精度	1	$\phi34_{-0.1}^{0}$ mm	3.2	外径千分尺			
	2	$\phi28_{0}^{+0.21}$ mm	3.2	内径量表			
	3	$\phi37$mm	3.2	外径千分尺			
	4	(40±0.2)mm	3.2	游标卡尺			

任务实施

一、任务准备

实施本任务教学所使用的实训设备及工具材料可参考表 5-5。

表 5-5　实训设备及工具材料

序号	分类	名称	型号/规格	数量	单位	备注
1	机床	GSK980TD	CK6132	2	台	广数系统
2	刀具	90°外圆车刀	MWLNR2020K08	1	把	0.8mm 刀尖圆弧半径
		镗孔刀	S16Q-STUMN11D	1	把	0.4mm 刀尖圆弧半径
3	量具	游标卡尺	0~150mm	1	把	
		千分尺	25~50mm	1	把	

（续）

序号	分类	名称	型号/规格	数量	单位	备注
4	工业机器人抓手	抓取套类零件抓手	根据工件直径自定	4	副	物料间领料
5	附件	物料托盘	自定	2	个	物料间领料

二、工业机器人抓手安装

工业机器人抓手分为抓取毛坯的上料抓手和抓取已加工成品的下料抓手，如图 5-12 所示。在安装抓手时要依据程序中指定的抓手编号位置安装。

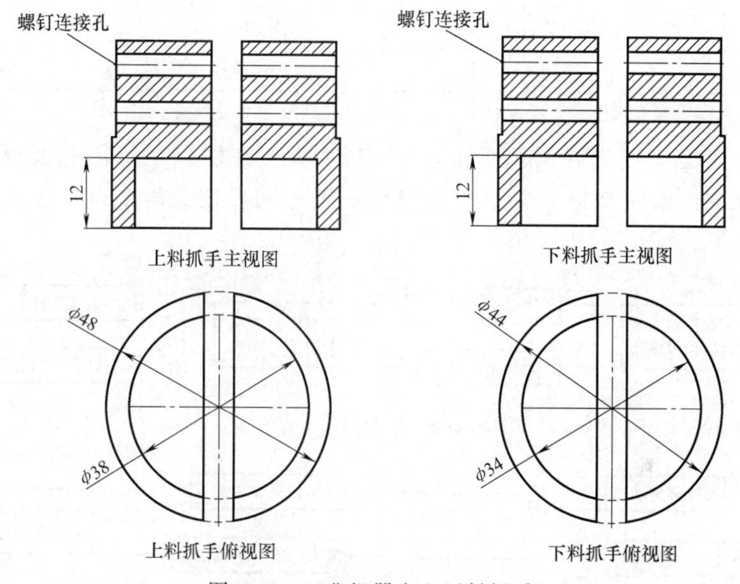

图 5-12　工业机器人上下料抓手

三、工业机器人搬运位置点示教

根据工业机器人上下料路线规划共设有工件抓取、工件放置、搬运过渡、工件装夹 4 个位置点，运行顺序如图 5-13 所示，位置点示教顺序为工件抓取位置点→搬运过渡位置点→

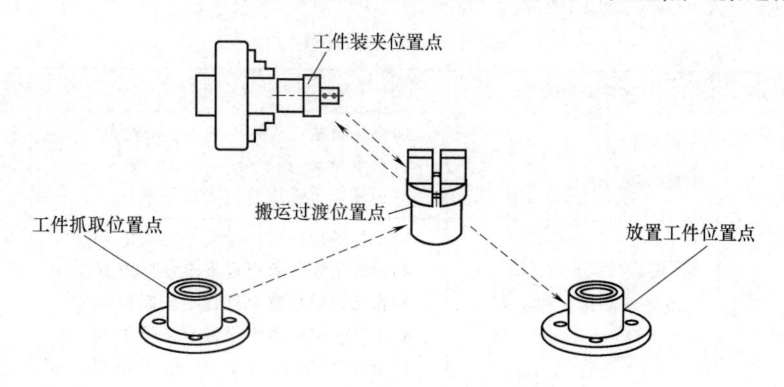

图 5-13　工业机器人上下料运行顺序

工件装夹位置点→放置工件位置点。在示教位置点时要考虑工业机器人的工作行程范围，并且保证工业机器人抓手运行至各个示教位置点时不出现干涉。

四、联机测试运行

（1）机床、三菱工业机器人信号表（表5-6）

表5-6 机床、三菱工业机器人信号表

工业机器人→机床(输出)	状态	机床→工业机器人(输入)	状态
M_Out(11) = 1	机床供应完成	M_In(11)= 1	机床条件允许
M_Out(12) = 1	机床门打开	M_In(12)= 1	机床夹具关闭到位
M_Out(13) = 1	机床门关闭	M_In(13)= 1	机床夹具打开到位
M_Out(14) = 1	机床夹具打开	M_In(14)= 1	机床门打开到位
M_Out(15) = 1	机床夹具关闭	M_In(15)= 1	机床门关闭到位

注：本任务工业机器人与机床信号交互是I/O直连，没有经过总控PLC等设备。

（2）机床、三菱工业机器人联机自动上下料加工　在联机运行前必须对工业机器人与机床进行信号检测，如图5-14所示，在保证输出信号和反馈信号正常接收情况下，才可以联机运行进行上下料加工。

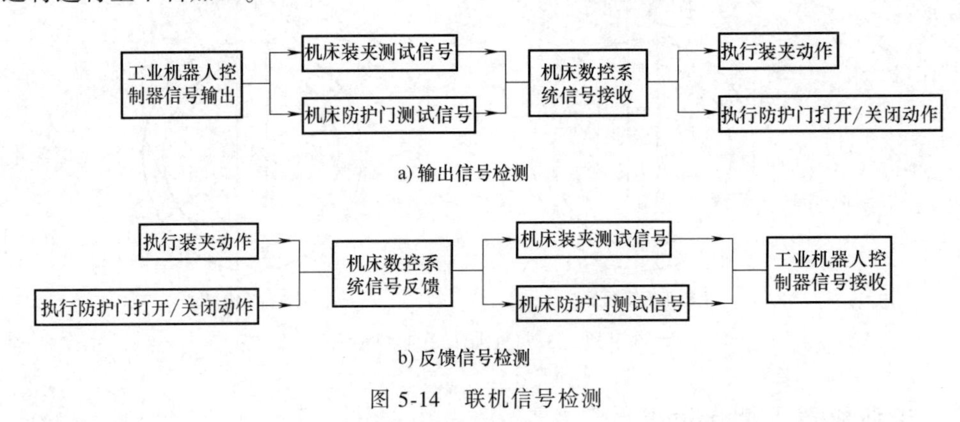

图5-14 联机信号检测

任务测评

对任务实施的完成情况进行检查，并将结果填入表5-7中。

表5-7 任务测评表

序号	主要内容	考核要求	评分标准	配分	扣分	得分
1	工业机器人抓手安装	抓手与法兰连接口固定牢靠,不松动	1)抓手与法兰连接不正确,扣5分 2)抓手松动,扣5分 3)损坏抓手或法兰,扣10分	10		
2	位置点示教操作	位置点设置合理正确,运行无干涉	1)工件抓取位置点设置不合理扣10分 2)放置工件位置点设置不合理扣10分 3)搬运过渡位置点设置不合理扣10分 4)工件装夹位置点设置不合理扣10分 5)运行位置点有干涉,每个位置点扣10分	50		

（续）

序号	主要内容	考核要求	评分标准	配分	扣分	得分
3	工业机器人程序编写	主程序、子程序编写逻辑、书写格式正确	1)程序编写逻辑不合理扣10分 2)程序书写格式不正确扣10分	20		
4	联机运行检测	输出、反馈信号检测	1)输出信号操作错误扣5分 2)反馈信号操作错误扣5分	10		
5	安全文明生产	劳动保护用品穿戴整齐;遵守操作规程;讲文明礼貌;操作结束要清理现场	1)操作中,违反安全文明生产考核要求的任何一项,扣5分,扣完为止 2)当发现有重大事故隐患时,要立即制止学生,每次都要扣安全文明生产总分(5分)	10		
合计				100		
开始时间:			结束时间:			

任务二　螺纹套柔性加工

学习目标

知识目标：1. 掌握螺纹套柔性加工流程设计方法。

2. 了解工业机器人上下料抓手的设计原理。

3. 能正确分析零件图并制订零件加工工艺。

能力目标：1. 能正确掌握工业机器人自动上下料运行轨迹规划方法。

2. 能正确编写工业机器人自动上下料程序及机床零件加工程序。

3. 掌握机床、工业机器人联机运行操作方法。

工作任务

某企业新设计的设备包含一种螺纹套零件，需要在5个工作日内用数控车床（广数系统）及工业机器人（三菱）进行批量自动上下料加工。技术人员在试制前需要分析零件图、合理制订加工工艺、编写机床加工程序及工业机器人自动上下料程序，并通过机床与工业机器人联机运行，以确定是否能加工出符合要求的螺纹套。

具体要求如下：

1）设计螺纹套柔性加工流程。

2）对螺纹套进行零件图分析，制订加工工艺。

3）对螺纹套自动上下料进行轨迹规划。

4）编写螺纹套加工程序与工业机器人上下料运行程序。

5）机床与工业机器人联机运行，进行加工及自动上下料。

知识储备

一、设计螺纹套柔性加工流程

螺纹套柔性加工流程包括分析零件图、制订加工工艺、工业机器人末端执行器（抓手）设计、工业机器人上下料运动轨迹规划、工业机器人上下料运行程序及数控加工程序编写、工业机器人与数控车床联机运行进行自动上下料加工。

二、分析零件图和制订加工工艺

1. 分析零件图（图 5-15）

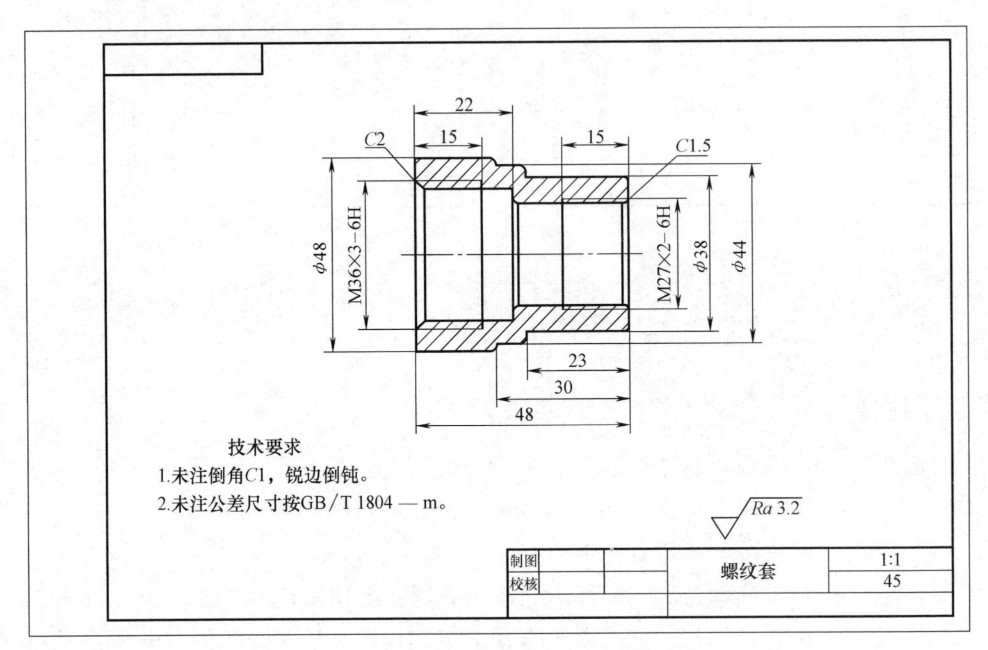

图 5-15 螺纹套

（1）零件轮廓分析

1）该螺纹套毛坯为管料，采用的材料是 45 钢。

2）该零件的结构主要包括圆柱面、倒角和螺纹，属于较复杂的套类零件。

3）普通螺纹的牙型角为 60°，图 5-15 中两端的螺纹均属于细牙螺纹。

（2）尺寸精度分析

1）ϕ38mm、ϕ44mm、ϕ48mm 外圆，未注公差按 GB/T 1804—m。

2）其余长度尺寸未注公差按 GB/T 1804—m。

3）未注倒角 *C*1。

（3）表面粗糙度分析　依据图中标注，零件全部表面粗糙度值为 *Ra*3.2μm。

2. 制订加工工艺

（1）制订加工步骤（表 5-8）

表 5-8 加工步骤

车削步骤	车削内容	图例说明
1）采用自定心卡盘装夹，毛坯伸出长度 36mm，找正、夹紧工件	①找正、装夹工件 ②车端面 ③车 ϕ38mm、ϕ44mm 外圆，M27×2-6H 内螺纹	36
2）调头，采用自定心卡盘装夹 ϕ38mm 外圆（可以使用带定位功能的软爪）	①装夹工件 ②车削保证总长 48 mm ③车 ϕ44mm 外圆，M36×3-6H 内螺纹	48

（2）选择量具　根据零件形状及精度要求选择以下量具，如图 5-16 所示，量具量程及测量项目见表 5-9。

a) M36×3－6H螺纹塞规

b) M27×2－6H螺纹塞规

图 5-16　量具

表 5-9　量具

序号	测量项目	选用的量具及量程
1	外圆	外径千分尺（0～25mm、25～50mm）
2	长度、内孔	游标卡尺（0～150mm）
3	M27×2-6H 螺纹中径	M27×2-6H 螺纹塞规
4	M36×3-6H 螺纹中径	M36×3-6H 螺纹塞规

（3）选择刀具　根据零件形状、精度及表面粗糙度要求选择相应刀具，同时要考虑刀具经济性和加工效率，刀具的选择如图 5-17 所示。

1）90°外圆车刀：包括 0.8mm 刀尖圆弧半径和 0.4mm 刀尖圆弧半径两种刀具，端面加工，外圆粗、精加工。

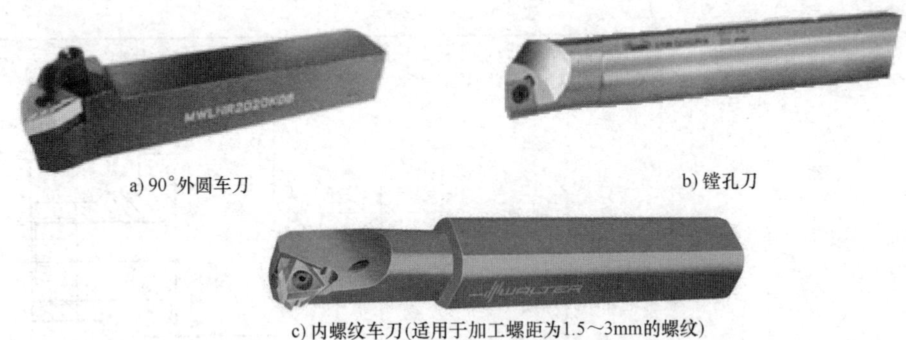

a) 90°外圆车刀　b) 镗孔刀　c) 内螺纹车刀(适用于加工螺距为1.5～3mm的螺纹)

图 5-17　刀具

2）镗孔刀：包括 0.8mm 刀尖圆弧半径和 0.4mm 刀尖圆弧半径，内孔粗、精加工。

3）内螺纹车刀：包括 0.8mm 刀尖圆弧半径和 0.2mm 刀尖圆弧半径，加工 M27×2-6H、M36×3-6H 内螺纹。

3. 机床、工业机器人的选择及上下料工作台布局

（1）机床、工业机器人的选择　根据零件轮廓形状选择匹配的数控车床进行加工，测算零件的重量，选择能承受零件重量的工业机器人本体。

1）数控车床的选择。该零件为套类零件，对外圆表面及加工尺寸的要求不高，故机床的选择应考虑经济性和效率。本案例选择 CK6132 型数控车床，数控系统为 980TD。该机床有符合柔性加工所需的液压卡盘、气动门等相关附件。

2）工业机器人的选择。根据测算，零件的质量小于 7kg，故选择三菱 RV-7F 型工业机器人。该型号工业机器人可承受小于或等于 7kg 的物体搬运，重复定位精度为±0.02mm，符合零件装夹及搬运要求。

（2）机床、工业机器人及上下料工作台布局

1）布局要求。上下料工作台必须布置在工业机器人上下料运动行程范围内，如图 5-18 所示。工业机器人前臂能伸至机床卡盘处，能进行无障碍上下料动作。

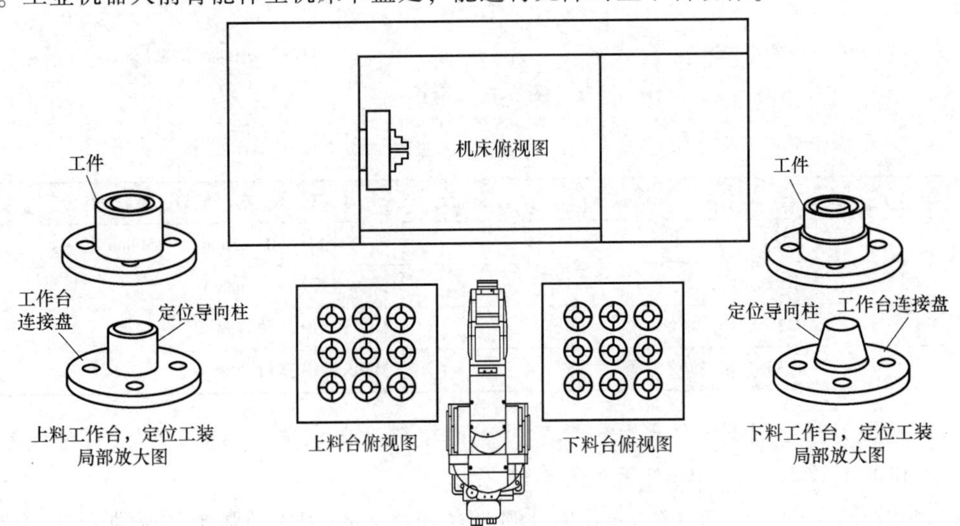

图 5-18　机床、工业机器人及上下料工作台布局

2）布局说明。

① 为保证工业机器人搬运位置精度，上下料工作台必须固定并且不可移动。

② 上下料工作台上的定位工装必须固定在工作台上并且不可移动。

③ 定位工装起到定位工件的作用，工件端面必须与连接盘紧贴，如有较大间隙，则影响工件装夹的伸出长度和安装位置精度。

三、工业机器人抓手设计及自动上下料轨迹规划

1. 工业机器人抓手设计

（1）设计要求　如图 5-19 所示，工业机器人抓手圆弧直径，应按照所被抓取工件直径的大小、厚度来设计，要保证所被抓取的工件在移动和装夹过程中不松动。

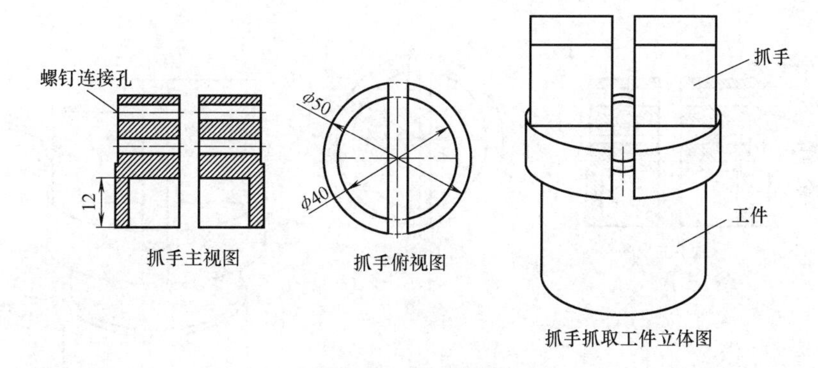

图 5-19　抓手设计

（2）设计说明　如图 5-20 所示，工业机器人抓手分为上料、下料抓手，上料抓手抓取毛坯件，下料抓手抓取成形工件。工业机器人抓手在设计和加工过程中应按照统一安装尺寸加工，同时上、下料抓手应做好标识，以便于区分。

2. 自动上下料轨迹规划

工件送往机床卡盘装夹前，应保证被抓取工件的姿态是水平状态，同时被抓取工件的轴线与机床的回转中心线重合。如果工件姿态不找正就进行装夹，会导致工件装夹位置出现偏差，降低加工精度，抓手也会因转矩过大而出现变形或者损坏。

（1）被抓取工件的姿态找正　如图 5-8 所示，使用百分表找正被抓取工件时，表座必须固定在机床某一位置，对被抓取工件的垂直和水平方向侧素线进行找正。

（2）被抓取工件轴线与机床回转中心线重合找正　如图 5-9 所示，使用百分表找正工件轴线与机床回转中心线重合时，百分表的表座须固定在机床卡盘上某一位置。通过旋转机床卡盘，调整工业机器人抓手位置，逐步找正工件轴线与机床回转中心线重合。

（3）上下料路线规划　上下料路线规划共设有工件抓取、工件放置、搬运过渡、工件装夹 4 个位置点，上下料顺序如图 5-21 所示，为工件抓取位置点→搬运过渡位置点→工件装夹位置点→放置工件位置点。其中工件抓取位置点和放置工件位置点是随着工业机器人抓取次数、放置次数变化的，变化量为相应的偏移量。

四、工业机器人自动上下料程序及零件数控加工程序编写

工业机器人上下料程序编写要按照设计好的上下料路线规划（图 5-21）进行，程序编

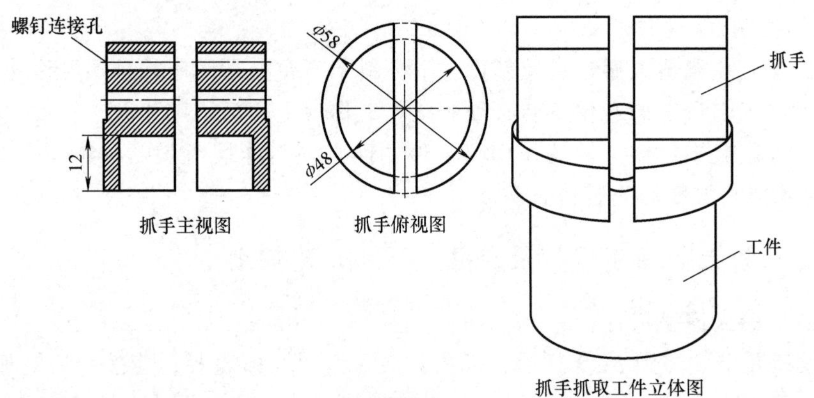

a) 上料抓手

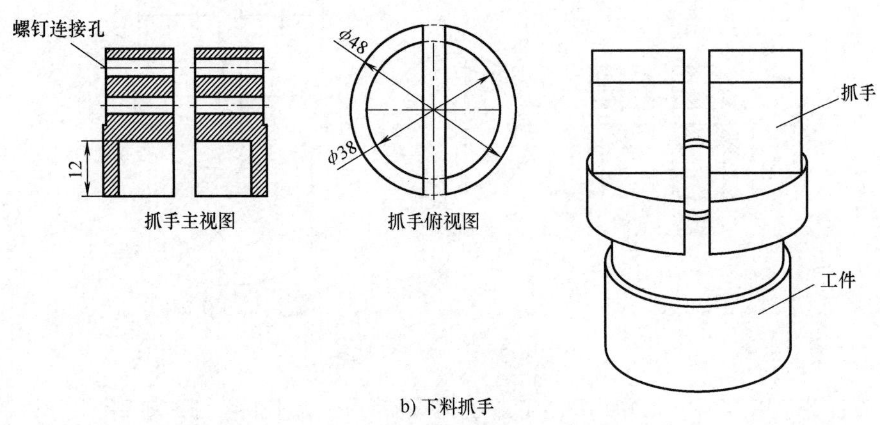

b) 下料抓手

图 5-20　上下料抓手设计图

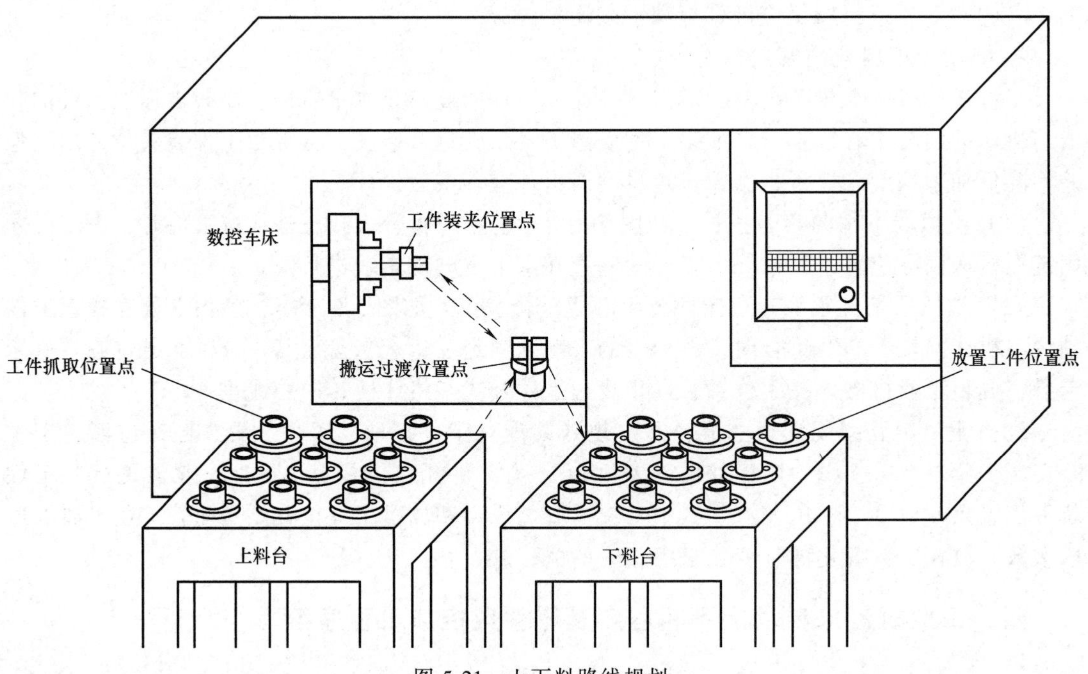

图 5-21　上下料路线规划

写完成后，在仿真软件中模拟校验，检查程序书写格式和语法是否正确，工业机器人运行轨迹是否有干涉。零件数控加工程序要根据零件图分析及制订的加工工艺编写。

1. 工业机器人上下料程序编写

```
(LUO WEN ZHOU)                                     (主程序名)
Servo On                                           (工业机器人上电)
Wait M_Svo=1                                       (等待伺服电气上电)
OAdl On                                            (指定最佳加减速度)
Spd 2000                                           (指定速度为2000mm/s)
HOpen 1                                            (打开1号抓手)
HOpen 2                                            (打开2号抓手)
Cnt 1                                              (动作连续有效)
Def  Plt 1,P1,P2,P3,P4,3,3,1    (对1号上料工作台位置、大小、数量、编号顺序定义)
Def  Plt 2,P5,P6,P7,P8,3,3,1    (对2号下料工作台位置、大小、数量、编号顺序定义)
M11=1                            (对上料工作台的V形架编号,初始编号为1)
M21=1                            (对下料工作台的V形架编号,初始编号为1)
N=0                                                (运行次数清零)
Mov P100                         (曲线移动到安全点,数控车床门前等待位置)
*L1 (上料工作台码垛取料子程序标签)
P200=Plt 1,M11                                     (码垛赋值,定义抓取点)
Mov P200+(+0.00,+0.00,+250.00,+0.00,+0.00,+0.00)
                                 (1号抓手曲线移动到抓取点Z轴正上方250mm)
Spd 800                                            (指定速度为800mm/s)
Mvs P200                                           (1号抓手直线移动到抓取点)
Dly 0.5                                            (动作延迟0.5s)
HClose 1                                           (关闭1号抓手)
Dly 0.5                                            (动作延迟0.5s)
Mvs P200+(+0.00,+0.00,+250.00,+0.00,+0.00,+0.00)
                                 (1号抓手直线移动到抓取点Z轴正上方250mm)
M11=M11+1                                          (码垛,抓取点次数累加计算)
Mov P100                         (曲线移动到安全点,数控车床门前等待位置)
*L2 (数控车床动作准备就绪子程序标签)
Wait M_In(11)=1                                    (数控车床准备好)
M_Out(12)=1 Dly 1                                  (数控车床门打开)
Wait M_In(14)=1                                    (数控车床门打开到位)
Dly 2                                              (动作延迟2s)
*L3 (工业机器人给数控车床上料子程序标签)
Mvs P13+(+0.00,+100.00,+150.00,+0.00,+0.00,+0.00)
                    [1号抓手直线移动到数控车床装夹位置点(Y+100mm,Z+150mm)]
Spd 800                                            (指定速度为800mm/s)
```

```
Mvs P13+( +0.00,+100.00,+0.00,+0.00,+0.00,+0.00)
                    (1号抓手直线移动到数控车床工件装夹位置点Y轴正上方100mm)
M_Out(15)=1 Dly 1                                   (数控车床夹具松开)
Dly 1                                               (动作延迟1s)
Mvs P13                                  (1号抓手移动到数控车床工件装夹点)
M_Out(14)=1 Dly 1                                   (数控车床夹具关闭)
Dly 1                                               (动作延迟1s)
HOpen 1                                             (打开1号抓手)
Mvs P13+( +0.00,+100.00,+0.00,+0.00,+0.00,+0.00)
                      (1号抓手直线移动到机床工件装夹位置点Y轴正上方100mm)
Mvs P100                           (直线移动到安全点,数控车床门前等待位置)
M_Out(13)=1 Dly 1                                   (数控车床门关闭)
M_Out(11)=1 Dly 1
           (工业机器人上料完成,运行到此段程序时,数控车床启动数控加工程序)
*L4 (工业机器人给数控车床下料子程序标签)
Wait M_In(11)=1                                     (数控车床准备好)
M_Out(12)=1 Dly 1                                   (数控车床门打开)
Wait M_In(14)=1                                     (数控车床门打开到位)
Dly 2                                               (动作延迟2s)
Mvs P14+( +0.00,+100.00,+150.00,+0.00,+0.00,+0.00)
             [2号抓手直线移动到数控车床工件拆卸位置点(Y+100mm,Z+150mm)]
Spd 800                                             (指定速度为800mm/s)
Mvs P14+( +0.00,+100.00,+0.00,+0.00,+0.00,+0.00)
                    (2号抓手直线移动到数控车床工件拆卸位置点Y轴正上方100mm)
Mvs P14                                  (直线移动到数控车床工件拆卸位置点)
HClose 2                                            (关闭2号抓手)
Dly 1                                               (动作延迟1s)
M_Out(15)=1 Dly 1                                   (数控车床夹具松开)
Dly 1                                               (动作延迟1s)
Mvs P14+( +0.00,+100.00,+0.00,+0.00,+0.00,+0.00)
                    (2号抓手直线移动到数控车床工件拆卸位置点Y轴正上方100mm)
Mvs P14+( +0.00,+100.00,+150.00,+0.00,+0.00,+0.00)
             [2号抓手直线移动到数控车床工件拆卸位置点(Y+100mm,Z+150mm)]
Mvs P100(直线移动到安全点,数控车床门前等待位置)
*L5 (下料工作台码垛放料子程序标签)
P300=Plt2,M21                                       (码垛赋值,定义放置点)
Mov P300+( +0.00,+0.00,+250.00,+0.00,+0.00,+0.00)
                                  (2号抓手曲线移动到放置点Z轴正上方250mm)
Spd 800                                             (指定速度为800mm/s)
```

```
Mvs P300                                              (2号抓手直线移动到放置点)
Dly 0.5                                               (动作延迟 0.5s)
HOpen 2                                               (打开 2 号抓手)
Dly 0.5                                               (动作延迟 0.5s)
Mvs P300+(+0.00,+0.00,+250.00,+0.00,+0.00,+0.00)(0,0)
                                  (2号抓手直线移动到放置点 Z 轴正上方 250mm)
M21=M21+1                                             (码垛,放置点次数累加计算)
N=N+1                                                 (码垛,每运行一次加 1)
If N<9 Then *L1  (如果运行次数<9,则从当前程序段跳转到 *L1 标签程序继续运行,
                                  如果运行次数≥9,则往下一程序段继续运行)
Mov P100                                              (曲线移动到安全点,数控车床门前等待位置)
End                                                   (主程序结束语)
```

工业机器人示教点说明见表 5-10。

表 5-10 工业机器人示教点说明

序号	点序号	注释	备注
1	P100	过渡点,门前等待位置点	需示教
2	P200	上料工作台抓取点	赋值
3	P300	下料工作台放置点	赋值
4	P1	上料工作台起始点	需示教
5	P2	上料工作台终点 A	需示教
6	P3	上料工作台终点 B	需示教
7	P4	上料工作台对角点	需示教
8	P5	下料工作台起始点	需示教
9	P6	下料工作台终点 A	需示教
10	P7	下料工作台终点 B	需示教
11	P8	下料工作台对角点	需示教
12	P13	抓手 1 机床装夹位置点	需示教
13	P14	抓手 2 机床卸料位置点	需示教

2. 零件数控加工程序编写

(1) 工序 1 螺纹套加工程序。

```
O0001                                                 (程序名)
M80                                                   (运行到此段程序时执行工业机器人程序)
M06                                                   (机床门关闭)
T0101 M08                                             (采用 1 号刀具粗车)
G00 X100 Z100
M03 S1200
G00 X52 Z2
G94 X-1 Z0 F150
```

```
G71 U1 R1
G71 P1 Q2 U0.5 W0.05 F200
N1 G00 X36
G01 Z0 F150
X38 W-1
Z-23
X42
X44 W-1
Z-30
N2 X52
M03 S1500                              （采用2号刀具精车）
G00 X52 Z2
G70 P1 Q2
G00 X100 Z100
T0303 M03 S1000                        （采用3号镗孔刀）
G71 U1 R1
G71 P3 Q4 U-0.3 W0.05 F120
N3 G00 X28
G01 Z0 F100
X25.2 W-1.5
Z-50
N4 X22
G00 X22 Z2
M03 S1200
G70 P3 Q4
G00 X22 Z100
T0404 M03 S1000                        （采用4号内螺纹车刀）
G00 X23 Z4
G92 X25.7 Z-15 F2
X26
X26.2
X26.4
X26.6
X26.8
X26.9
X27
G00 X22 Z300 M05
M07
M30
```

(2) 工序 2　螺纹套加工程序。

```
O0002                              (程序名)
M80                                (运行到此段程序时执行工业机器人程序)
M06                                (机床门关闭)
T0101 M08                          (采用 1 号刀具粗车)
G00 X100 Z100
M03 S1200
G00 X52 Z2
G94 X-1 Z0 F150
G71 U1 R1
G71 P1 Q2 U0.5 W0.05 F200
N1 G00 X46
G01 Z0 F150
X48 W-1
Z-22
N2 X52
M03 S1500
G00 X52 Z2
G70 P1 Q2
G00 X100 Z100
T0303 M03 S1000                    (采用 3 号镗孔刀)
G00 X25 Z2
G71 U1 R1
G71 P3 Q4 U-0.3 W0.05 F120
N3 G00 X28
G01 Z0 F100
X25.2 W-1.5
Z-50
N4 X22
G00 X22 Z2
M03 S1200
G70 P3 Q4
G00 X22 Z100
T0404 M03 S1000                    (采用 4 号内螺纹车刀)
G00 X23 Z4
G92 X33.6 Z-15 F3
X34
X34.3
X34.6
```

```
X34.8
X35
X35.2
X35.4
X35.6
X35.8
X35.9
X36
G00 X22 Z300 M05
M07
M30
```

五、机床、工业机器人联机自动上下料加工及零件精度检测

1. 机床、工业机器人联机自动上下料加工

在联机运行前通过工业机器人控制器输出信号检测机床执行动作（液压卡盘动作、气动门动作），如机床执行动作正常，才可以联机运行。如果工业机器人控制器输出信号机床无法检测到，无执行动作，则不可以联机运行，以免造成工业机器人与机床动作不衔接，出现碰撞。联机运行步骤参考模块五任务一中图 5-11。

2. 零件精度检测

根据零件图要求检测相关数据，把实际测量数据填写在表 5-11 中。

表 5-11　测量数据

零件名称	螺纹套		图号		检验人		
检验项目	序号	检验内容及要求		量具	检验结果		备注
		公称尺寸	表面粗糙度 Ra/μm		实测尺寸	表面粗糙度 Ra/μm	
尺寸精度	1	ϕ48mm	3.2	外径千分尺			
	2	ϕ44mm	3.2	外径千分尺			
	3	ϕ38mm	3.2	外径千分尺			
	4	M27×2-6H	3.2	螺纹塞规			
	5	M36×3-6H	3.2	螺纹塞规			
	6	48mm	3.2	游标卡尺			
	7	30mm	3.2	游标卡尺			
	8	23mm	3.2	游标卡尺			

任务实施

一、任务准备

实施本任务教学所使用的实训设备及工具材料可参考表 5-12。

表 5-12　实训设备及工具材料

序号	分类	名称	型号/规格	数量	单位	备注
1	机床	GSK980TD	CK6132	2	台	广数系统
2	刀具	90°外圆车刀	MWLNR2020K08	1	把	0.8mm 刀尖圆弧半径
		镗孔刀	S16Q-STUMN11D	1	把	0.4mm 刀尖圆弧半径
3	量具	游标卡尺	0~150mm	1	把	
		千分尺	0~25mm、25~50mm	1	把	
		螺纹塞规	M27×2-6H	1	副	
		螺纹塞规	M36×3-6H	1	副	
4	抓手	抓取套类零件抓手	根据工件直径自定	4	副	物料间领料
5	附件	物料托盘	自定	2	个	物料间领料

二、工业机器人抓手安装

工业机器人抓手分为抓取毛坯的上料抓手和抓取已加工成品的下料抓手，如图 5-22 所示，在安装抓手时要依据程序中指定的抓手编号位置进行。

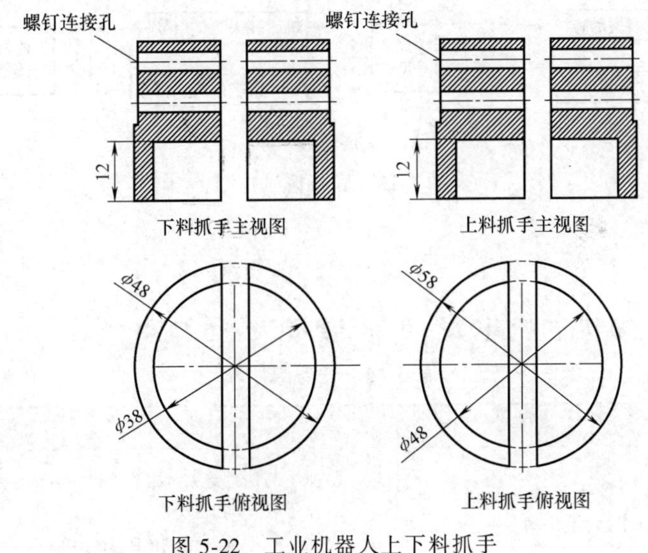

图 5-22　工业机器人上下料抓手

三、工业机器人搬运位置点示教

工业机器人上下料路线规划共设有工件抓取、工件放置、搬运过渡和工件装夹 4 个位置点，运行顺序为工件抓取位置点→搬运过渡位置点→工件装夹位置点→放置工件位置点。在示教位置点时要考虑工业机器人的工作行程范围，并且保证工业机器人抓手运行至各个示教位置点时不出现干涉。

四、联机测试运行

（1）机床、三菱工业机器人信号表（表 5-13）

表 5-13 机床、三菱工业机器人信号表

工业机器人→机床(输出)	状态	机床→工业机器人(输入)	状态
M_Out(11) = 1	机床供应完成	M_In(11)= 1	机床条件允许
M_Out(12) = 1	机床门打开	M_In(12)= 1	机床夹具关闭到位
M_Out(13) = 1	机床门关闭	M_In(13)= 1	机床夹具打开到位
M_Out(14) = 1	机床夹具打开	M_In(14)= 1	机床门打开到位
M_Out(15) = 1	机床夹具关闭	M_In(15)= 1	机床门关闭到位

注：本任务工业机器人与机床信号交互是 I/O 直连，没有经过总控 PLC 等设备。

(2) 机床、三菱工业机器人联机自动上下料加工　在联机运行前必须对工业机器人与机床进行信号检测，如图 5-23 所示，在保证输出信号和反馈信号正常接收情况下，才可以联机运行进行上下料加工。

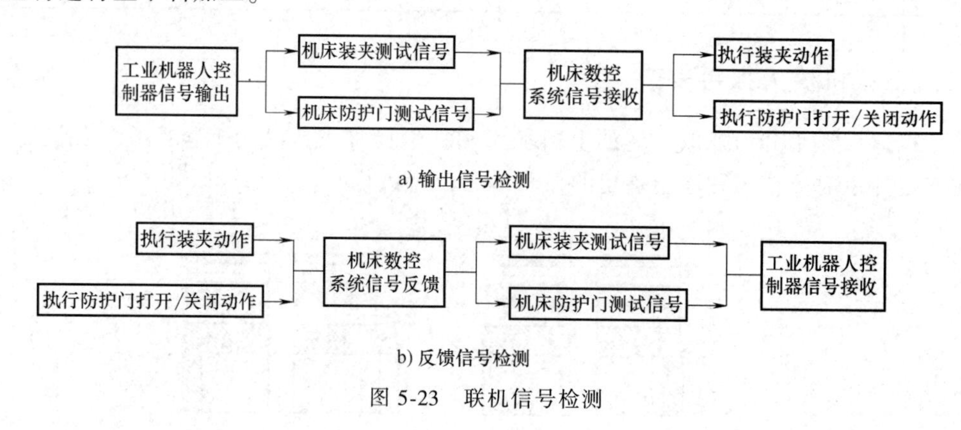

图 5-23 联机信号检测

任务测评

对任务实施的完成情况进行检查，并将结果填入表 5-14 中。

表 5-14 任务测评表

序号	主要内容	考核要求	评分标准	配分	扣分	得分
1	工业机器人抓手安装	抓手与法兰连接口固定牢靠，不松动	1)抓手与法兰连接不正确，扣 5 分 2)抓手松动，扣 5 分 3)损坏抓手或法兰，扣 10 分	10		
2	位置点示教操作	位置点设置合理正确，运行无干涉	1)工件抓取位置点设置不合理扣 10 分 2)放置工件位置点设置不合理扣 10 分 3)搬运过渡位置点设置不合理扣 10 分 4)工件装夹位置点设置不合理扣 10 分 5)运行位置点有干涉，每个位置点扣 10 分	50		
3	工业机器人程序编写	主程序、子程序编写逻辑、书写格式正确	1)程序编写逻辑不合理扣 10 分 2)程序书写格式不正确扣 10 分	20		
4	联机运行检测	输出、反馈信号检测	1)输出信号操作错误扣 5 分 2)反馈信号操作错误扣 5 分	10		

（续）

序号	主要内容	考核要求	评分标准	配分	扣分	得分
5	安全文明生产	劳动保护用品穿戴整齐；遵守操作规程；讲文明礼貌；操作结束要清理现场	1）操作中，违反安全文明生产考核要求的任何一项扣5分，扣完为止 2）当发现有重大事故隐患时，要立即制止学生，每次都要扣安全文明生产总分（5分）	10		
合计				100		
开始时间：			结束时间：			

拓展训练

某企业新设计的设备包含了一种螺纹轴套（图5-24）零件，在正式投产前需要在3个工作日内采用数控车床（广数980TD系统）及工业机器人（三菱系统）进行自动上下料试制加工。技术人员在试制前需要分析零件图、制订合理的加工工艺、编写机床加工程序及工业机器人自动上下料程序，并通过机床与工业机器人联机运行，以确定是否能加工出符合要求的螺纹轴套。

具体要求如下：

1）设计螺纹轴套自动上下料加工流程。

2）对螺纹轴套进行零件图分析并制订加工工艺。

3）对螺纹轴套自动上下料进行轨迹规划。

4）编写螺纹轴套加工程序与工业机器人上下料运行程序。

5）机床与工业机器人联机运行，进行加工及自动上下料。

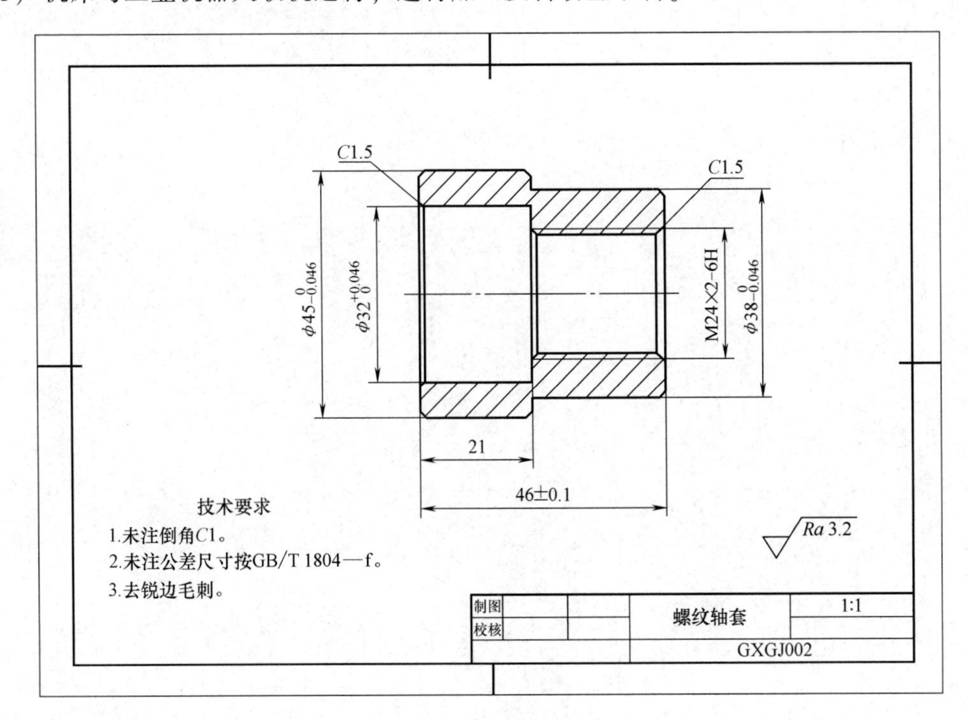

图5-24　零件图

参考文献

[1] 沈建峰，虞俊．数控车工（高级）[M]．北京：机械工业出版社，2006.

[2] 钱晖，朱浩翔，夏伟，等．智能化机床上下料 [J]．装备机械，2009（5）：48-52.

[3] 徐海黎，解祥荣，庄健．工业机器人的最优时间与最优能量轨迹规划 [J]．机械工程学报，2010，46（9）：19-25.

[4] 王世鹏，解艳彩，闫雪峰．柔性制造单元上下料机构的改进设计 [J]．组合机床与自动化加工技术，2011（6）：85-86，90.